인정 육아

후회와 불안뿐인 감정에서 벗어나
다정하고 단단한 내면을 만드는

인정 육아

이현정 지음

📖 동양북스

부정의 반대말은
긍정이 아닌 '인정'이다

부모로 살아가며 이미 마음속 깊이 자리한 생각의 기준을 바꾸는 일은 쉽지 않아요. 어쩌면 네잎클로버와 같은 행운을 마주하는 기회만큼이나 어려운 일이고, 기적 정도는 찾아와줘야 굳은 마음을 움직일 수 있지요.

저는 기다림 육아로 아이를 10년 넘게 키워오며 '기다림'의 가치는 값으로 매길 수 없는, 아이에게 줄 수 있는 가장 귀한 선물임을 깨달았어요. 덕분에 아이의 시간과 공간을 배려하고 존중함으로써 영, 유아기를 꽤 충만하게 보낼 수 있었지요.

문제는 준비 없이 마주한 사춘기였습니다. 감정의 파도를 만나속절없이 흔들리는 아이와 함께 저도 흔들렸어요. 아이를 도와줘야 할지 말지, 제가 이대로 지켜보기만 해도 될지 말지, 선생님께 얘기할지 말지, 교우 관계에 개입할지 말지. 제 선택으로 아이의 삶이 변할 수 있다는 사실에 겁이 났고, 조언을 구할 데가 없어 마음이 시렸어요.

지금에 와서 생각하면 그 시간 덕분에 아이가 성장할 수 있었다 위안하겠지만 당시 현실은 부정과 후회로 가득했음을 기억합니다. 긍정으로 상황을 보려 해도 제 생각과 감정을 바꿀 근거는 턱없이 부족했고, 힘든 아이의 감정을 부정하는 것 같아 머릿속에 맴돌던 말들은 입술만 달싹거릴 뿐 한마디를 꺼내기가 그렇게 힘들었어요.

그러다 불안한 가슴을 쓸어내리며 걱정들로 가득 채울 때쯤 운명처럼 만난 문장.

"부정의 반대말은 긍정이 아닌 인정이다."

몇 날 며칠을 곱씹을 정도로 가슴에 깊이 남은 말이었어요. 지금 제가 힘든 건 누구의 탓도 아닌, 아이를 있는 그대로 인정하지 못하고 세상의 시선에 맞춘 제 마음에서 시작되었다는 사실을 인정해야 했지요. 진즉에 인지하고도 제 잘못을 인정할 수 없어 모른 척 외면한 사실과 정면으로 부딪친 꽤 인상적인 순간이었습니

인정 육아

다. 그때부터 저는 아이를 향한 인정을 재정비했어요.

아이의 감정이 불안정하고 변덕으로 가득할 수 있다는 인정.
아이가 스스로 이겨낼 힘이 있다는 인정.
아이와 나의 잘못이 아닌 어쩔 수 없는 상황이 있다는 인정.
나도 실수할 수 있는 부모라는 인정.

지나온 수많은 시간 속 기다림이 성숙한 '인정'을 만나 더 높이 비상하는 경험이었죠. 지치고 힘든 상황을 당연하고 즐길 만한 순간으로 만들었고, 조금 달리한 시선은 마음속 깊이 평온을 안겨주었습니다.

인정은 가장 이성적인 판단을 가능하게 합니다. 긍정을 앞세웠을 때보다 다정하고 단단해지며, 내 아이가 비로소 제대로 보이기 시작합니다. 인정하고 바라보면 거짓말처럼 욕심이 사라지고, 아이가 가진 좋은 점에 기특해하며 제 몫을 다하는 모습에 진심 어린 칭찬을 쏟아냅니다. 아이에서 청소년으로 그리고 단단한 성인으로 자라는 매 순간이 감동의 역사가 되어 가슴이 벅차오릅니다.

요즘 세상은 부모를 사정없이 흔듭니다. 제법 숨통이 트일 것 같다가도 이내 또다시 나를 멈추게 하니 마음 둘 곳이 없습니다.

부모는 사랑이란 감정을 앞세워 수백, 수천, 수만 가지의 방법으로 애쓰고 있는데도 불안감이 자꾸만 커져갑니다.

아이들 역시 예전보다 훨씬 더 마음이 아프다고 합니다. 가정이나 학업, 사회 적응에 어려움을 겪는 아이 세 명 중 한 명은 일상생활이 힘들 정도로 우울감을 느끼고 있다고 해요. 학업 성취도는 OECD 37개국 중 최상위권이나 관계 형성, 특히 교우와의 관계에는 꼴찌 수준이라니. 아이들이 감정적으로 얼마나 외로울지 단적으로 알 수 있는 부분입니다. 도대체 어디서부터 잘못된 걸까요?

아이에겐 내 마음을, 내 이야기를 끝까지 들어줄 사람이 없어요. 곁에 친구와 좋은 관계를 형성하지 못해 혼자가 된 아이는 불안하고 더 외롭습니다.

부모도 마찬가지예요. 아이와 발맞추어 걷다가도 뒤처질까 뛰게 되고, 다른 사람들보다 빨리 가는 지름길을 찾아내야 비로소 안도합니다. 타인에 맞춰 가는 일은 부모에게도 고통이지만 '너를 위해'라는 부모의 말을 외면할 수 없는 아이 역시 지친 마음을 부여잡고 따라가지요.

아이를 위한다는 이유로, 물질적인 풍요가 보장된다는 이유로, 부모에게 부끄럽지 않아야 한다는 이유로, 좋은 대학만 가면 된다

인정 육아

는 이유로. 그릇의 크기에 상관없이 끊임없이 쏟아붓기에 열을 올리니 정작 아이도 부모도 넘치는 거품에 가려 보이지 않습니다.

아이를 바꾸려 하기 전에, 먼저 내 마음의 시선을 들여다보세요.

떠밀려 넘어지고, 멍이 들어 지쳐버린 나를 살펴주세요. 내 아이를 위해 애쓰기 전에 나의 마음을 먼저 보듬어줄 시간도 필요합니다.

그다음 몸이 자라고 생각이 자랐을 뿐 여전히 같은 모습으로 제자리를 지키는 아이를 바라봐주세요. 달라진 것이 있다면, 아이를 바라보는 나의 시선과 기준 그리고 태도가 달라졌을 뿐입니다.

아이의 방법이 틀렸다고 지적하기 전에 아이의 생각은 그럴 수 있다고 이해합니다. 내가 생각한 정답보다 아이 스스로 해낸 것을 칭찬합니다. 내가 앞장서 끌고 가는 게 아닌 기다리는 태도로 함께 걷는 일의 매력에 빠져보세요.

인정은 존재에 대한 존중과 사랑을 담은 경이로운 말과 태도입니다.

주변의 인정 속에 내가 얼마나 충만해졌는지, 부모님의 격려에 얼마나 말도 안 되는 용기를 낼 수 있었는지, 이 책이 어린 나의 보석 같은 경험을 내 아이에게 전하는 이정표가 되기를 바랍니다.

어느덧 엄마 나이 16살이 된

이현정이 전합니다

인정 육아

차례

프롤로그 부정의 반대말은 긍정이 아닌 '인정'이다   5

1장

나의 육아는 어떤 색일까?

✦ 부모의 말, 유연하게 나와 내 아이에게 맞는 중심 잡기   32
✦ 부모의 마음챙김   34

2장

육아의 초석 다지기

나의 육아는 어디로 향하고 있을까?   42
기다림의 기준이 중요한 이유   46
부모 마음대로 육아는 이젠 그만!   49
아이의 관심사를 기억하세요   52
나와 아이만의 기록, 세상에 하나뿐인 내 아이 사전   60
✦ 부모의 말, 아이를 자라게 하는 긍정의 말 씨앗 뿌리기   66
✦ 부모의 마음챙김   68

3장

부모에 의해 결정되는 변화

위기는 기회가 왔음을 알리는 신호탄   73

스스로 할 수 있는 방향을 지지한다는 의미   79

부모의 경청이 빛을 발할 때   84

일상의 경험이 자기 조절력이 되기까지   89

아이의 가능성 열어주기, 기회는 타이밍이다   101

최대 허용 최소 개입의 법칙   105

✦ 부모의 말, 부모의 응원이 마법을 부리는 순간   112

✦ 부모의 마음챙김   114

4장

육아의 기본값: 차이에 대한 인정

아이는 늘 변한다   119

개인차를 놓치면 비교의 늪에 빠진다   123

아이의 기질과 성향, 틀린 게 아니라 다른 것이다   127

아이의 행동에는 다 이유가 있다   133

✦ 부모의 말, 아이에게 고스란히 남는 부모의 평가   138

✦ 부모의 마음챙김   140

5장

성장의 날개가 되는 거리두기

아이를 향한 부모의 믿음이란   145

아이의 반항은 자립의 표현   150

내 아이를 살리는 적당한 거리두기   155

부모의 개입은 약이고 독이다 160

부모의 믿음 속에서 용기 내는 아이들 165

한발 물러서서 바라보기의 진짜 의미 170

✦ 부모의 말, 네가 나의 딸(아들)이라서 행복해 176

✦ 부모의 마음챙김 178

6장

내 아이를 제대로 보는 눈

부정이 아닌 인정 183

'받아들임의 법칙' 적용하기 191

감정에 집중하면 보이는 것들 195

'카더라'에 흔들리지 않는 힘 202

더하기 말고 빼기 207

✦ 부모의 말, 노력과 수고를 인정해주는 힘 212

✦ 부모의 마음챙김 214

7장

할 수 있는 아이로 키우는 시행착오의 기적

선택의 기로에 선 당신에게 219

시행착오의 무한루프에서 완성되는 나만의 육아법 223

존중이 꼭 필요한 순간 1, 2, 3 228

평생 아이를 살릴 선택의 눈 키우기 234

네가 세상을 기쁘게 배우기를 응원한다 239

✦ 부모의 말, 아이의 책임감을 키우는 온전한 지지 244

✦ 부모의 마음챙김 246

부록 부모를 위한 다정하고 단단한 말 필사 노트 248

1장

나의 육아는
어떤 색일까?

경험은 우리에게 모든 색이 저마다
특별한 기분을 만들어낸다는 사실을 가르쳐준다.

- 요한 볼프강 폰 괴테

가끔 그럴 때가 있어요.

나의 육아는 어떤 모습일까?
내가 해온 육아가 내 아이에게 맞는 육아법일까?
혹시 실수하거나 놓치는 부분은 없을까?

부모는 문득문득 밀려오는 '나'라는 사람이 가진 정체성에 대해 고민합니다. 이럴 때는 이런 것 같고 저럴 때는 또 낯선 모습을 마주하니, 처음에는 내가 이중인격인 건 아닌지 고민했던 적도 있어요.

하지만 이제는 알고 있죠. 누구에게도 보여주지 않는 모습이 불쑥 고개를 드는 게 육아인 걸요. 충분히 그럴 수 있는 일이었다고 웃으며 추억합니다. 계속 새로운 상황에 내던져지는 나를 보듬을 시간이 부족해 오히려 자책하기 바빴던 내가 안쓰러워 안아주고 싶은 마음도 들고요. 아무것도 아닌 문제들을 심각하게 끌어안고 눈물 가득 고였던 모습이 사랑스럽기도 합니다.

나도 몰랐던 나의 모습.
그런 모습들이 켜켜이 쌓여 나만의 독보적인 색을 완성합니다.

여러분의 색은 무엇인가요? 색은 정서적 반응과 사회적인 규범을 상징하고, 언어를 통하지 않는 소통에서도 중요한 부분을 차지합니다. 지금부터 나만이 가진 멋진 육아의 빛깔을 마주해보세요.

긍정의 육아를 추구하는 옐로

옐로는 햇빛의 색을 가지고 있어 긍정적 속성과 함께 행복감을 연상시키지요. 아침 일찍 눈을 떴을 때, 화사한 봄날을 생각할 때 연상되는 색. 순수함의 상징인 병아리 같은 유아기 아이의 유쾌하

인정 육아

고 활발한 모습이 절로 떠오릅니다.

일반적으로 나의 육아를 옐로와 매칭했다면 최대한 아이의 눈높이에 맞춰 '솔' 톤의 다정한 목소리로 많은 시간을 보낼 겁니다. 조급해하기보다는 느긋이 기다릴 줄 알며 심각한 분위기보다는 유쾌함으로 일관하려는 태도도 가지고 있을 테고요.

부모가 보이는 태도는 자녀의 나이에 상관없이 정서적인 부분에 있어 절대적인 영향을 미칩니다. 예측하지 못한 다양한 상황이 물밀 듯이 밀려드는 성장기 아이에게 많은 부분을 긍정적으로 여겨주는 부모가 있다는 건 큰 행운이지요.

"안 돼!"라는 말보다 "해보렴"이라는 제안이 더 편한 허용적 부모이기에 아이는 다양한 분야에서 도전을 즐길 수 있어요. 조급하지 않고 여유로우며 부드러운 분위기 덕분에 적극적인 성향의 아이라면 자신감을 높일 기회를 일찍부터 경험할 수 있습니다. 도전에 성공하지 못하더라도 결과의 성취 유무에 상관없이 긍정적인 반응을 보이는 부모는 아이가 실패라고 인식하게 하기보다는 시행착오를 통해 자존감과 회복탄력성을 키울 최상의 환경을 만들어줄 수 있습니다.

다만, 주의할 점도 있습니다.

부모와 아이 성향이 정반대일 경우인데요. 무엇이든 허용하고 '할 수 있다'라는 긍정적인 육아가 자칫하면 내향형의 소극적인 아이에게는 원치 않는 상황에 억지로 내몰리는 힘든 순간의 연속일 수 있어요. 태생적으로 선택이 쉽지 않은 성향이라 덜 성장한 상태에서 원하지 않은 기회들이 좌절로 이어진다면 부모에게 지나치게 의존하거나 자존감이 낮은 아이로 자랄 수 있습니다.

또한, 긍정의 반응들이 무조건 허용으로 퇴색될 수 있습니다. 겉으로 보이는 모습에 지나치게 매몰되면 옐로 육아가 지속될수록 불안과 긴장감이 동반될 가능성도 큽니다. 기본적 태도는 유쾌함과 다정함을 장착하되, 생활 습관, 옳지 않은 상황에 대해서는 장점을 한껏 발휘하기보다 아이에게 단호히 안내하면 금상첨화의 결과를 얻을 수 있어요.

불같은 추진력으로 자녀와 함께 달리는 열정 가득한 레드

레드는 태양을 연상시키듯이 정열과 열정의 상징입니다. 불이나 피, 혁명이 저절로 떠오를 만큼 적극적인 모습을 품고 있는 레드. 안전을 위한 강조, 즉 정지나 경고 등의 표시로도 사용되기에

색채 중 가장 자극적이며 강한 카리스마가 느껴집니다.

강한 의지력과 지배력이 묻어나는 레드를 나의 육아 색으로 선택했다면 활동적인 성향의 강점을 십분 활용해 자녀와 함께하는 일상에 적극적인 부모일 거예요. 힘과 결정권을 가진 단호한 육아인 동시에 크게 기뻐하고 즐길 줄 아는 부모로 인해 아이는 원하는 것을 마음껏 체험하게 됩니다.

아이의 성장 과정에 다방면으로 함께하며 아이가 가진 강점에 몰입도가 높고 관찰력이 좋은 덕분에, 또래에 비해 앞서가는 아이들이 레드 부모 밑에서 자랐을 가능성이 큽니다.

"넌 할 수 있어!" "엄마, 아빠는 널 믿어!"

이와 같은 메시지를 등에 업고 아이는 자신이 해낼 수 있는 세상의 많은 일들에 자신감이라는 치트키를 장착하고 콧노래를 부릅니다. 적극적이고 긍정적인 외향형 아이가 레드 부모와 만나면 완벽한 앙상블을 완성하며 엄친아, 엄친딸로 성장해 선망의 대상이 됩니다.

다만 열정적이고 활동적이며 에너지 넘치는 장점의 이면에는 강압, 분노, 흥분이라는 함정이 도사리고 있습니다. 누구보다 사랑이 넘치기 때문에 충만감을 주지만 방향성의 기준이 흔들리면 아이도 부모도 고통스러울 따름입니다. 그럴 때일수록 나와 내 아이를 동일시하지 않겠다는 다짐을 해보세요. 부모가 가진 무한한 에너지가 시기적절하게 아이에게 닿을 수 있다면 더없이 좋은 최고의 부모가 된다는 걸 기억하세요.

나와 내 아이가 성향이 비슷하다는 건 어쩌면 큰 축복일 수 있습니다. 부모가 아이를 이해하는 폭이 훨씬 넓어질 수 있으니까요. 하지만 아이의 성향과 기질은 우리가 선택할 수 있는 영역의 것이 아니잖아요. 정반대의 이해하기 힘든 성향이라고 낙담할 필요는 없습니다.

특히 레드 부모가 차분하며 꼼꼼한 기질의 내향형 자녀와 마주하면 이해의 폭을 넓히는 데 많은 에너지를 소비할 수 있어요. 다름을 인정하고 받아들일 시간도 필요합니다. 쉽지 않은 과정이지만 이럴 때는 무한의 색인 화이트를 더해 심리적으로 레드의 강압적이고 부정적인 사고를 극복하고 유연함을 배울 기회를 만들어보길 추천합니다. 서로의 장점을 수용하면 꼼꼼한 성향으로 완벽에 가까운 성취를 아이가 보여줍니다. 인정하고 인정받은 만큼 더 많이 웃고 함께 성장해가는 과정을 통해 부모 자신도 꽤 멋있다는 걸 경험할 수 있어요.

평온하며 차분한
일관성을 품은 블루

하늘과 바다의 색인 블루는 전 세계적으로 기호도가 가장 높은 색으로, 해방감과 신선함을 품고 있습니다. 기분 좋은 파란 하늘과 넓은 바다가 떠올라 절로 시원한 바람이 느껴지는 건 블루가 가진 멋진 장점 중 하나지요.

블루를 나의 육아 색으로 선택했다면 자녀와 신뢰를 기본으로 한 건강한 관계가 지속될 가능성이 큽니다. 쉽게 감정에 동요하지 않고, 이성적으로 상황을 보려는 노력에 일관성까지 더해진 이상적인 부모의 모습은 부러움의 대상이 되기도 합니다.

기본 원칙을 준수하는 부모의 성향을 꾸준히 보고 자란 덕분에 아이는 길거리에서 떼를 쓰거나 억지스러운 고집을 부리는 상황이 현저히 적을 거예요. 그런 상황이 발생하더라도 타협하지 않는 것이 블루의 부모이니까요. 일관성을 최대 장점으로 장착한 부모 덕분에 아이는 일찍부터 옳고 그름에 대해 명확히 인지하고 바른 생활에 관심을 가질 가능성이 커요. 부당한 상황에 대해 내 생각을 말할 수 있고, 타인의 좋은 행동에 대해서는 아낌없는 칭찬과 박수를 보낼 수 있습니다.

어른스럽다는 칭찬을 많이 듣고 자란 아이의 행동과 태도는 부모에게서 고스란히 배운 것입니다. 또래보다 의젓하고 논리적이고 명확한 모습에 주변의 신뢰를 얻는 것 역시 동일한 이유일 테고요. 모범생의 기질을 가진 아이는 부모 곁에서 본인의 강점에 날개를 달아 훨훨 날아오릅니다. 야무지고 똑 부러지는 모습이 또래에게 선망의 대상이 되기도 합니다.

다만 기준을 가지고 일관성을 보이는 부모의 모습이 이상적일지라도 자칫 냉정하거나 무심해 보일 수 있습니다. 유사한 성향의 아이라면 논리적인 기질이 일상 속에서 경험으로 강화되며 공감력이 함께 자라지 못해 차갑고 냉정해질 수 있습니다. 반대로 감성적인 기질을 타고난 아이라면 의도치 않게 상처받고 자신의 의견보다 부모의 선택과 지시에 따라 행동하는 의존성이 높은 아이로 자랄 수 있습니다.

블루는 신선하고 차가우며 신비로움을 품고 있지요. 뜨거운 열정보다는 차분한 진정 효과를 가진 만큼, 기본적으로 허용 가능한 선과 불가한 선을 제대로 지켜내는 일관성의 강점이 빛날 수 있도록 부모가 기분 좋은 안식처의 역할을 기본값으로 두고 밝은 톤의 평온한 블루로 아이에게 든든한 버팀목이 되어준다면, 이보다 더

인정 육아

좋을 순 없을 거예요.

드러내지 않고 중립을 지키는 그레이

대표적으로 세련된 색을 떠올릴 때면 블랙과 함께 생각나는 그레이. 고급스러우면서도 지성미가 넘치는 느낌과 성숙함을 동반하기에 어디든 무난하게 어울립니다.

나의 육아 색을 그레이로 떠올렸다면 중립적인 성향으로 차분하고 안정적인 분위기에서 육아를 이어갈 가능성이 큽니다. 눈에 띄는 성과보다는 꾸준히 해나가는 아이의 모습을 격려하는 마음이 오롯이 아이에게 닿아 용기를 불어넣을 수 있는 격려자이자 지지자가 되어줄 테니까요.

자녀의 유아기와 아동기에 부모들은 경쟁하듯 남들보다 내 아이가 의견을 말하고 손을 드는 행위에 박수를 보냅니다. 그런 현실 속에서 차분히 아이를 기다려주는 그레이 부모의 모습은 자칫 의기소침해질 수 있는 아이의 마음에 위로가 되어, 자신의 속도로 성장하는 아이의 자존감을 키워주고요. 비교가 만연한 학령기에 아이를 일관된 기준으로 바라보는 부모의 시선은 건강한 성장의 촉매가 되어줍니다. 또래보다 느리게 자란다고 보일 수 있는 대기만성형의 아이라면 이보다 더 완벽한 환경은 없을 거예요. 부모가 마련해준 안전망 속에서 편안함을 느끼며 자신의 속도대로 성장할 수 있는 건 어릴수록 중요하거든요. 균형을 잡고 흔들림 없는 육아관을 가진 부모는 어떤 상황이 와도 아이에게 든든한 버팀목이 되어줍니다.

다만 그레이 부모는 중립적이라 우유부단한 면이 있습니다. 나서기보다는 조용히 뒤에서 지지하고, 외부로부터 차단하려는 본능이 크지요. 그 결과, 주도적이고 타인의 관심 속에서 빛나는 아이라면 많은 것을 포기하게 될 수 있습니다. 태생적으로 도전적인 아이는 제한적인 분위기에서 자신이 가진 성향을 부정적으로 인지하고 부모에게 맞출 수 있고요. 아이에게 부모의 사랑이 지배적인 만큼 무의식적으로 스스로를 숨길 수 있어요.

긍정과 부정의 색이 공존하는 그레이 부모라면 아이에게 빛이 되어줄 수 있는 나의 강점을 아낌없이 발휘해보세요. 비교하지 않는 마음과 쉽게 휘둘리지 않는 장점은 중립적이며 자기 통제력이 강합니다. 옆집 아이, 아는 엄마에게 흔들리지 않는 힘을 아이에

인정 육아

게 온전히 전달하면 긍정의 지지자가 됩니다.

백지 위에 언제든 새로운 그림을 그려내는 화이트

티 없이 맑은 순백의 화이트는 한겨울의 어느 날 아침 소복이 쌓인 새하얀 눈에 설레는 마음과 신나서 뛰어노는 아이들의 웃음소리가 떠오릅니다. 순수하고 깨끗함을 품고 있어 심리적으로 부정적인 감정이나 사고를 정화해 해방감을 안겨주기도 하고요.

나의 육아 색을 화이트로 선택했다면 선한 이미지를 가졌다는 말을 자주 들을 거예요. 하얀 도화지 위에 그려지는 흔적들이 무엇이든 될 수 있듯, 무한한 가능성을 인정하는 부모 덕분에 아이는 자신에 대한 믿음을 크게 가질 수 있고요. 새로움에 거부감이 없고 단순하고 명쾌한 언어를 사용하기에 아이가 부모의 메시지에 혼란을 겪을 가능성이 적습니다. 화이트 부모는 안정적인 육아를 유지하며 삶에 대한 만족도 역시 높습니다.

자녀가 가진 무한한 가능성을 인정하고 변화에 가볍게 적응하는 장점은 아이의 유아기에 더욱 빛을 발할 수 있어요. 고정된 틀에 맞춰 '남들처럼' 아이를 바라보는 부모들과 정반대에 위치한 덕분에 창의력이 뛰어나고 자유로운 성향의 아이에게는 완벽한 성장 환경을 마련해줄 수 있지요.

다만 찬란한 순백의 화이트는 극지방의 빙하 지형을 떠올리게 하는 차가움과 완벽함도 품고 있어요. 때때로 깔끔하게 정돈되지 않은 환경을 참기 힘들 수도 있고요. 자녀의 행동을 넓은 범위로 허용하나 매사에 완벽함을 요구하는 냉정한 태도는 아이가 가능성을 발휘하는 데 역효과일 수 있습니다.

특히 창의적인 사고를 중시하는 아이는 상상의 나래를 펼치며 다양한 각도로 접근하는 특성이 있는데, 완벽한 마무리에 대한 강요는 부담감과 함께 스트레스 요인으로 작용해 행동을 멈추는 이유가 되기도 합니다.

아이의 가능성과 변화에 열린 자세를 가진 화이트의 강점을 활용하되 부모 자신의 잣대를 아이에게 동일하게 적용하는 것만 주의하면, 무한한 가능성을 가진 자녀에게 가장 든든한 지지자가 될 거예요.

지금까지 육아 스타일을 색과 연결해봤는데요. 어떠했는지 궁금하네요. 세상에는 이보다 더 다양한 색이 존재하고 수천수만의 육아 스타일이 존재합니다. 그런데도 제가 다섯 가지 색으로 분류

해 여러분의 육아를 살펴본 이유는, 특정한 기준 없이 좋아하는 색에 대한 대답이 보편적인 성격을 말해줄 수 있을지 몰라도 어떤 색이든 단정지어 정해진 틀에 나와 아이를 맞출 필요는 없다는 이야기를 하고 싶어서예요. 부모로서 우리가 마주한 수많은 순간의 선택과 행동에서 긍정적인 '나'를 찾기 희망합니다.

'나는 이런 사람이라서 이렇게 해야만 돼.'
'난 지금까지 쭉 그래왔기에 바뀔 수 없어.'
'내가 이런 행동을 한다면 남들이 이상하게 보지 않을까?'
'나는 무조건 이렇게 아이를 키울 거야. 다른 방법은 용납 못 해!'
'내가 잘 살아온 과정대로 내 아이도 큰다면 분명히 행복해질 거야. 내가 도와야 해.'

우리는 가끔 타인의 시선을 의식하고,
때로는 스스로가 정해놓은 기준에 맞춰 행동하며,
많은 부분을 상황에 따라 선택합니다.

그렇게 20년에 걸친 육아가 이어지기에 그 누구도 내가 그린 그림대로 완벽한 결과물을 내기 쉽지 않을 거예요. 나만 그런 게 아닌 누구나 그렇다는 생각으로 짊어진 짐을 내려놓길 간절히 바랍니다.

부모인 내가 나의 장점과 꽤 괜찮은 모습에 시선을 맞추기보다 '내가 목표한 바'에 기준점을 두는 순간, 부모는 가랑이가 찢어지고 아이는 그런 부모를 따라 뛰느라 넘어지고 무릎이 깨지며 생애 첫 좌절을 경험할지도 모릅니다.

내가 나를 이해하고 온전히 인정하면 아이에게도 그 마음은 자연스레 전해집니다. 비교하는 마음이 아닌 나에게 관심을 가지고 집중하며 '내가 좋아하는 것', '내가 잘하는 것', '내가 행복하고 즐거운 순간'을 알아차리는 경험을 켜켜이 쌓길 진심으로 바랍니다.

인정 육아

부모의 말,
유연하게 나와 내 아이에 맞는 중심 잡기

 우리는 자신이 가진 생각과 말에 뿌리를 두고 자랍니다. 부모와 아이 할 것 없이 모두가 그렇게 성장하고 살아가고 있습니다.

 특히 가족 구성원은 유기적으로 연결되어 있어 내가 가진 기준과 생각들이 자연스레 서로에게 영향을 주게 됩니다. 부모의 많은 부분이 아이에게 영향을 미친다면 걱정이 될 수도 있지만 바꿔 생각하면 부모의 좋은 점도 아이에게 고스란히 닿을 수 있다는 것이죠.

 그럼 지금부터 '나는 어떤 영향을 주는 부모이길 바라는가?'란 질문을 시작으로 우리만의 중심 잡기를 해보겠습니다.

 "엄마(아빠)는 네 생각이 궁금해."

 "지난번에는 1번처럼 했지만 다음에는 다른 방법을 활용해도 좋아."

 "'말이 없는 사람', '부끄러움이 많은 사람', '뛰어노는 걸 좋아하는 사람'과 같이 너 스스로를 어떤 사람이라고 단정 지을 필요는 없어. 시간이 지나면 너의 생각도 행동도 더 멋지게 변할 테니까."

 "다양한 경험을 해보면 신나지만 그건 엄마(아빠) 생각인 거야. 네가 진짜 하고 싶은 것을 생각하고, 선택하고, 시도하는 게 가장 의미 있는 일이란다."

인정 육아

고정된 틀에 맞추지 않고 아이에게 맞추는 따뜻한 시선.
내 생각을 앞세우기보다 아이의 생각을 궁금해하는 진심 어린 관심.
나의 장점과 아이의 호기심이 어우러질 수 있는 중심 잡기.

부모인 내가 어떤 에너지를 가진 사람인지 돌아보고 잘 활용할 수 있는 강점을 인식하는 일은, 어느 한쪽으로 치우치지 않고 각자의 위치를 인정하며 나아갈 수 있는 '인정 육아'의 든든한 뿌리가 되어줍니다.

나의 소리에 집중하고, 나의 긍정 에너지를 따라가 보세요. 나의 미소 한 번에 아이가 방긋 웃고, 아이의 웃음소리에 내일이 기대되는 매일은 우리가 생각하는 좋은 마음에서 시작됩니다.

부모의
마음챙김

우리는 생각보다 자신을 제대로 들여다보는 일에 익숙하지 않아요. 그래서 지금부터 나의 색을 찾아볼 예정이에요.

어렵지 않냐고요? 전혀 걱정하지 않아도 됩니다. 가장 먼저 나의 육아를 생각했을 때 떠오르는 색을 선택하세요. 떠오르는 색이 없다면 앞의 글을 하나씩 읽어보고 내 육아의 처음과 지금을 생각하며 찾아도 좋습니다. 내가 선택한 색이 나의 육아 모습과 매칭될 수 있습니다.

이 과정은 나를 인식하는 시간입니다. 편하게 심리 테스트하는 기분으로 해보면 좋습니다.

Q. 나의 육아는 무슨 색인가요?

인정 육아

Q. 색을 선택했다면 그 색이 품고 있는 강점과 그 색의 이면에 숨은 약점이 무엇인지 생각해보세요.

Q. 나의 육아에 앞으로 입혀가고자 하는 색(방향성)을 생각해보세요.

2장

육아의
초석 다지기

육아의 팔 할은 아이의 환경과 관심사
그리고 아이를 인정하는 부모의 기다림이다.

- 이현정

올해로 저는 육아 인생 16년 차에 접어들었어요. 분명 수많은 시간의 흔적들이 넘쳐나는데, 발걸음을 멈추고 돌아보면 바람처럼 빠르게 흐른 순간들이었습니다.

　육아는 우리가 부모라는 새로운 알을 깨고 태어나는 시간입니다. 알을 깨고 내 몸 하나 건사하기도 힘든데 온통 낯선 상황의 연속이라 모르는 것투성이고요. '부모'라는 이름표를 덜컥 달고부터 무엇이든 해내야 하는 슈퍼맨, 슈퍼우먼의 미션을 부여받아버렸어요. 걸음마도 없이 바로 달려야 하는 현실. 이제 막 입장했는데 까마득히 멀리 있는 그들만큼 해내는 게 당연하다고 사방에서 등을 떠밉니다.

상황이 이러하니 넘어지고 무릎이 깨지고 눈물이 나는 건 자연스러운 수순입니다. 시행착오의 반복 속에 부족한 나를 마주하니 속상한 마음은 날로 커집니다. 세상의 모든 부모가 같은 시간을 보내왔고, 보내고 있고, 보내게 될 거라고 합니다.

내가 부족한 게 아니라 온통 내 능력 밖의 일들이 예고도 없이 손에 쥐어졌으니 힘들 수밖에요. 그러니 괜찮습니다. 탓하지 마세요. 잘 모르고, 어렵고, 혼란스러운 건 자연스러운 모습입니다.

아이와의 처음.
부모가 된 나의 처음.
처음이라 무엇이든 해볼 수 있는 지금은 넘치게 매력적인 순간입니다.

여러분의 육아는 어디로 향하고 있나요? 당장 정답을 찾기 힘들다면 저랑 잠시 멈춰 생각해봐요. 조금 천천히 간다고, 쉬었다 간다고 문제가 되지 않아요. 오히려 짧은 휴식은 우리를 더욱 멀리까지 닿게 해줄 거예요. 여러분의 처음이 두려움과 공포가 아닌 설레는 마음의 첫걸음이 될 수 있게, 여러분과 함께 손잡고 걷겠습니다.

육아에 있어 부모와 아이의 합은 무엇보다 중요합니다. 첫 장에서 색으로 나의 육아 스타일을 확인했던 이유 역시 너무도 제각각인 특성과 기질을 가진 부모와 아이가 만나면 어떤 모습일지에 대해 한 번쯤 짚고 넘어가면 좋겠다는 생각으로 정리해본 것이지요.

부모와 아이가 비슷한 성향이면 발현되는 시너지는 상상을 초월합니다. 아이도 신바람이 나듯 육아기를 보내기 때문에 영, 유아기에 유독 또래보다 발달이 빠르고 타인 앞에 나서는 데 거리낌이 없는 자신감 넘치는 모습을 보일 수 있어요. 자신의 말과 행동이 부모에게 인정받는 경험은 아이가 세상을 다 가진 듯 마음껏 누릴 수 있다는 신호와 같으니까요.

우리가 관심 가져야 할 부분은 완벽해 보이는 모습이 아닌 그 이외의 상황입니다. 타인에게는 더없이 좋은 사람이지만 내 아이에게는 숨 막히게 힘든 존재일 수 있다는 것. 여기서부터 우리는 하나씩 하나씩 복잡하게 얽힌 실타래를 정리해보려 합니다.

나의 육아는
어디로 향하고 있을까?

어느 때보다 지금은 나만의 육아 기준을 정하는 게 중요해요.

'누군가를 그대로 따라 하고 싶다.'
'멘토를 정해 내 아이도 그 집 아이처럼 키우고 싶다.'

나만 그런 게 아니라 누구나 이런 생각들을 하며 육아의 출발선을 밟게 됩니다.

하얀 백지 위에 밑그림을 그려나가는 일은 꽤 중요한 작업이에요. 나만의 기준 없이 우왕좌왕하다 보면 나도 아이도 곱절로 힘들어질 수 있으니까요.

하지만 너무 다행이지 않나요? 밑그림은 언제든지 지우고 새로

인정 육아

그러면 되니 말이에요. 시시각각 변하는 아이는 어제가 다르고, 내일 그리고 한 달 뒤 또 다른 모습으로 우리를 놀라게 합니다. 그런 아이를 '너는 A의 특성을 가진 아이야'라고 단정 짓고 매직으로 쓱쓱 밑그림을 그릴 건 아니죠?

아이의 처음은 흐릿하게 스케치만 해주세요.
생각과 다르면 조금씩 수정하면 그만입니다.

나는 울창한 숲을 그렸지만 아이와 일 년, 이 년의 시간을 보내며 자그마한 정원으로 수정될 수 있다는 생각을 가지면 좋겠습니다. 소나무 한 그루도 좋고 예쁘게 자라 섬세함으로 똘똘 뭉쳐진 한 송이의 꽃도 좋습니다. 아이의 모습은 나의 예상과는 차원이 다른 그림이 될 수 있다는 사실을 인지하는 것만으로도 충분합니다.

처음 육아를 마주하며 나를 가장 고통스럽게 하는 것은 작은 꽃송이 아이를 커다란 나무라고 생각하고, 아담한 집을 원하는 아이에게 고래 등같이 넓은 집이 네가 살 집이라며 내가 미리 결정한 공간에 아이를 자꾸만 맞추는 거예요.

부모의 영향으로 아이의 세상이 넓어지는 건 분명한 사실이에요. 아이의 타고난 기질과 성향은 쉽게 달라지지 않는다는 것도 불변의 진리이고요.

이 사실을 나의 육아 일기장 첫 페이지에 적어주세요.
부모의 세계와 아이의 세계가 다르다는 점과
아이를 있는 그대로 인정해주겠다는 약속이면 좋겠습니다.

시작점이 유아기가 아니라고 속상해할 필요는 없습니다. 아동기여도, 청소년기여도, 내가 기록하는 첫 페이지의 주인공은 '내가 원하는 아이'가 아니라 '내게 온 우리 딸 ○○○', '내게 온 우리 아들 ○○○'이면 됩니다.

앞으로 매 순간, 우리는 긍정으로 해석하기를 할 참입니다. 이책을 왜 이제야 펼쳤나 속상해하지 마세요. "내일이 아닌 오늘 읽게 되어 참 다행이다." "내년이 아니라 올해 알게 되어 행운이다." 우리는 앞으로 이렇게 이야기하기로 약속해요.

타고난 기질과 성향이 변하기 어렵다면 그런 특성을 이해하고 지구상에 오직 하나뿐인 아이와 내가 함께 나아갈 수 있는 육아로드를 완성하면 될 일입니다.

지금부터 정석 육아를 넘어서는 진짜 나만의 육아 스펙트럼을 그려봐요. 내가 가진 스펙트럼은 어디까지 닿을 수 있을까?

인정 육아

부모가 아는 만큼 보이는 자녀의 성장은 아이와 부모 각각의 개인전이 아닌 함께 그려나가는 단체전입니다. 앞에서 끌어줄 수도 있고, 뒤에서 밀어줄 수도 있습니다. 멀리서 응원할 수도 있고, 지친 어깨를 토닥여줄 수도 있는. 각자의 역량을 펼치며 지켜보되 정상에 오르듯 함께 걷고 성장하는 시간입니다.

기다림의 기준이
중요한 이유

자고 일어나면 세상이 매일같이 달라지는 지금. 기다림을 강조하는 것이 어쩌면 무의미해 보일 수 있습니다. 현실에 없을 것 같은 신기루와 같은 존재를 쫓는 느낌이 들 수도 있고요.

그러나 아이가 걸음마를 시작했을 때부터 지금까지 대부분의 시간에 '기다림'은 늘 존재했습니다. 물론 고정된 하나가 아닌 각양각색의 팔색조 같은 모습으로요.

무조건적 기다림(새로운 것을 배워가는 영, 유아기)이 있고, 허용 가능한 선에 한정된 기다림(아동기)도 있습니다. 조력자로 아이의 많은 영역에 함께하되, 필요한 순간에만 발휘되는 기다림(청소년기)도 있고요. 있는 듯 없는 듯 투명 인간처럼 가만히 때를 기

인정 육아

다리는 기다림(사춘기)도 있습니다.

부모 스스로 개입하고 싶은 많은 과정을 허벅지 꼬집으며 기다리는 시간. 아이가 청소년이 되고 성인이 되기까지 숨 쉬는 매 순간 우리는 개입할지 말지, 즉 기다릴지 말지를 결정합니다. 어쩌면 '기다림'이란 개념 자체가 부모의 삶이기에 따로 분리해 생각해보려 하지 않았을지도 모릅니다.

개입하지 않은 순간은 기다림입니다.

아이가 스스로 해낼 수 있을 거라는 믿음 역시 기다리는 부모의 아이를 향한 존중된 마음입니다. "괜찮아. 천천히 해도 돼"라는 말에도 부모의 기다림은 숨 쉬고 있습니다.

"아이를 기다리는 게 너무 힘들어요."

많은 부모가 입을 모아 이야기합니다. 저 역시 크게 다르지 않았어요. 나의 시간이 침해받고, 나의 체력이 고갈되고, 무조건적 부모의 배려만이 답인가 싶어 스트레스가 이만저만이 아니었지요. 어디에 기준을 둬야 할지, 어떻게 기다려야 하는지 알지 못하니 마냥 나에게 희생만 강요한다는 생각에 피해 의식도 들었고요.

요즘처럼 세대별 스트레스 지수가 다 같이 높을 때는 서로에 대한 양보나 미덕보다는 나 자신을 살피는 일을 삶에서 가장 중요한 과업으로 여기죠. 나 이외의 것에 의미 두는 일을 극단적으로 거부하기도 하고요. 그런 환경 속에서 인내와 참을성이 필수 요소인 '기다림'이라는 단어는 부모를 고통스럽게 만드는 불편한 의미가 될 수 있어요.

단언컨대 이런 감정을 느낀다면 꼭 여러 번 이 장의 내용을 읽어보길 권합니다. 내용을 곱씹으며 기다림에 대한 인식을 저와 함께 바꿔나가요. 나의 희생이 아닌 나와 아이를 위한 최고의 선택, 그런 지금을 마음껏 누려보길 바랍니다.

인정 육아

부모 마음대로
육아는 이제 그만!

아이들의 매일은 변화무쌍합니다. 예기치 못한 아이의 행동에 부모는 당황과 불안이 요동치기도 하고, 때론 한없이 사랑스러운 아이의 모습은 부모에게 행복의 이유가 되어줍니다. 아이로 인해 당장 몇 분 전만 해도 일생일대의 난제였던 일이 순식간에 해결되기도 하고, 별일 아니라고 외면했던 일이 눈덩이처럼 커져 고민의 바다로 빠져드는 것이 부모이고요.

손바닥 뒤집듯 달라지는 아이도, 부모의 마음도. 순간의 상황들만 쫓다 보면 아이의 의도와 생각을 파악하지 못하고 훈육이란 과정을 통해 별난 아이, 문제아이로 낙인찍습니다. 그리고 이 모든 결과는 철저하게 부모가 정한 육아 기준에 의해서 결정되지요. 아이는 자신이 정한 목표인 A를 향해 부지런히 나아갔음에도 불구하고 부모가 정한 B로 향하지 않는다는 이유로 '제멋대로다', '옳지 않다', '실패자'라는 단정 속에 갇혀버립니다.

아이의 삶에 정답은 존재하지 않아요.

인생을 먼저 살아온 삶의 지혜를 보태어 아이가 원할 때 조언할 수 있지만, 부모가 이룬 세상이 아이의 삶이 될 수 없고, 부모의 생각이 아이에게도 꼭 참일 수 없으니까요.

언제가 될지 모르지만 아이는 부모에게 질문을 던질 거예요. 그 순간이 왔을 때 비로소 우리는 아이에게 내 인생에서 얻은 지혜를 나눌 수 있어요.

물론 기회가 쉽사리 오지 않을지도 몰라요. 내가 아이에게 보여준 길이 아이와 맞지 않을 수 있으니까요. 하지만 기회가 왔을 때를 놓치지 마세요. 아이가 삶의 갈림길에서 벽에 부딪혔을 때 작은 문을 내어줄 수 있는 말 한마디를 꼭 준비해주길 당부합니다.

저는 지금도 아이에게 이 말을 전해주기 위해 기다리고 있어요.

"수많은 선택 중 네가 나아갈 길에 정답은 없단다. 그 선택이 곧 네가 되고, 너의 노력이 빛나는 순간이 될 테니까. 겁내지 않아도 돼. 직업보다 네가 세상에 어떤 영향을 줄 수 있을지에 대해 고민해보렴. 아주 작은 변화라도, 단 한 명의 사람에게라도, 네 진심이 전해진다는 건 그만큼 가치 있는 일이란다."

아이의 관심사를
기억하세요

우리는 무의식적으로 좋아하는 분야에 귀를 기울이고, 흥미 있는 것을 접했을 때 신바람이 납니다. 의도하지 않고 자연스레 표출되는 '좋아하는 마음'은 나의 관심사에서 비롯되지요.

처음 만나는 세상 속에서 아이가 만나게 되는 관심사, 즉 자기 마음의 끌림. 그걸 쫓아가는 수많은 행동으로 아이의 일상은 채워집니다. 그래서 우리는 아이의 성장 과정에서 관심사를 깊이 있게 들여다보고 주의를 기울여야 해요.

영, 유아기 아이들은 부모가 노출해준 환경 속에 관심사가 숨어 있을 가능성이 커요. 직접 경험이 곧 사고의 확장으로 연계되는 만큼 똑같은 경우에도 관심사를 기준으로 사고를 확장해주면 아

인정 육아

이는 더 많이 질문하고, 더 많은 정보를 습득하게 됩니다. 관심사를 지식으로 연계하고 꿈의 크기를 만들어주는 과정 역시 이런 이유라고 할 수 있지요.

저는 몬테소리 교육에 매료되어 아이를 관찰하는 것을 습관처럼 하기 시작한 엄마 중 한 사람이에요. 처음에는 익숙하지 않아 부단히 의도적 노력과 집중력이 필요했어요. 그렇게 작고 사소한 관심사를 눈으로 확인하며 햇살처럼 반짝이는 아이의 모습을 보며 생각했습니다. 자녀의 관심사를 들여다보는 것은 '일'이 아닌 숨겨진 보물을 발견하는 '기적'과 같은 전율의 순간이라고요.

네가 이런 동물을 좋아했구나.

이런 소품을 갖고 싶어 했구나.

이런 반복된 문장을 듣는 걸 즐기는구나.

커다란 대상을 향한 동경이 있구나.

부끄러움은 타지만 친구들을 이끌어주고 앞장서 나가는 걸 좋아하는구나.

이야기를 듣는 걸 좋아하는구나.

율동하고 노래 부르는 일에 흥미를 느끼는구나.

유아기의 이런 수많은 모습들을 관찰하며 육아 시간을 쌓은 덕분에 저는 지금도 아이의 관심사를 살피는 부모로 살아가고 있습니다. 아이가 성장함에 특별히 달라진 점을 꼽으라면, 아이의 꿈이 점점 현실과 맞닿아가는 시기인 만큼 저의 말 한마디에 아이의 고민이 좌지우지되지 않게 먼저 나서서 이야기하지 않겠다는 철칙을 지키는 것이죠.

아이는 잊을 만하면 자신의 미래와 꿈에 관한 이야기를 해요. 주제가 직업이 될 때도 있고 대학에 관한 이야기일 때도 있어요. 어떤 학과에 가서 안정된 삶을 살 것이라고 다짐하는가 하면, 오롯이 자신이 좋아하는 일에 대해서는 몇 번이고 신이 나서 재잘대지요. 무엇이 현명하고 좋은 선택인지 몇 시간씩 고민을 늘어놓다가 결국 답을 찾지 못한 채 한숨을 쉬기도 하고요.

이제 더는 아이의 슈퍼우먼도, 완벽한 엄마도 아닌 현실의 엄마는 갈수록 공감하기 어려운 주제가 난무하는 아이의 소리를 듣습니다. 그네들의 문화를 온전히 이해할 순 없지만 제가 할 수 있는 일을 합니다. 귀 기울이고 흥미롭게 반응하며, 시답잖은 농담으로 대화를 이어가는 것이죠.

그래도 참 다행입니다. 혼란스러워하는 아이에게 인생 선배로서 한마디는 전할 수 있으니 말이에요.

"크게 문제 되지 않는 선에서 할지 말지 고민이 생기면 우선 한번

인정 육아

해보는 게 어때?"

새로운 도전에 있어 할지 말지 고민을 한다면 우선 해보기. 대화 중 이 말을 할지 말지 고민이 된다면 우선 참기. 어른으로 살아오며 인생에서 깨달은 지혜를 아이와 나눌 수 있어 다행입니다.

그렇게 꾸준히 아이와 소통을 멈추지 않은 덕분에 혼잣말로 할지 말지에 대해 고민하는 저를 보며 아이도 명료한 답을 줍니다. "해도 되는지 안 되는지 고민이 된다면 하지 말자가 답인 것 같아. 엄마가 머뭇거리는 이유가 분명히 있을 테니까"라고 말이에요. 어찌 보면 무척 간단한 사실이지만 제가 인식하지 못하고 지나쳤던 상황들에 대한 아이의 명쾌한 답변이었어요.

어느덧 꼬꼬마는 이렇게 쑥 자라 제게 조언을 해주는 지금에 이르렀습니다. 아이는 제 이야기를 흘려듣지 않고, 저 역시 아이의 말을 듣고 좋은 말에는 격하게 공감하며 도움이 되는 말은 앞에서 메모합니다. 그렇게 서로를 존중하고 배우는 것이죠.

지금의 소통이 가능한 이유를 찾아 시간을 거슬러 올라가면 선명한 사실이 진한 볼드체로 기록되어 있음을 발견합니다.

영아기, 유아기, 아동기, 청소년기.
아이가 쏟아내는 많은 말을 무시하지 않는 것.

크게 흥미롭지 않아도 흥미로워하는 태도로 들어주는 것.

말도 안 되는 이야기를 늘어놓더라도 즐거운 표정과 약간의 추임새로 호응하고 미소 짓는 것.

이런 부모의 태도를 발판 삼아 아이는 자신의 이야기를 끊임없이 들려줍니다. 영, 유아기에는 온몸으로 보여주고, 아동기 이후에는 '하고 싶은 것'에 대한 이야기를 두려움 없이 이야기합니다.

물론 성향의 차이가 있을 수 있고요. 눈에 띄게 달라지는 사춘기가 되면 많은 부분이 또 달라질 거예요. 타인의 시선에 부끄러움을 느껴 발표를 거부하고요. 말수가 급격히 줄어들기도 해요. 아는 것을 이야기하는 것조차 '잘난 척'이라는 프레임을 씌워 입을 닫아버릴 수도 있고요. 그러다 알다가도 모를 알쏭달쏭한 사춘기를 지나면 비로소 한 뼘 자란 아이를 마주합니다.

개인차가 분명히 있지만 우리가 기억해야 할 점은 '진심으로 들어주는 이'에게는 누구든 자신의 이야기를 하고 싶어진다는 것이에요. 내게 관심 가져주는 사람에게는 내가 좋아하는 것, 즐기는 것, 나를 기쁘게 하는 것을 이야기할 수 있다는 사실입니다.

우리네 삶은 내 생각을 온전히 내어놓는 게 참 쉽지 않아요. 말한마디를 해도 눈치가 보이고 타인의 속을 읽어야 하니 정말 각박

인정 육아

한 세상에 서러움이 밀려옵니다. 그런데요. 어른이 되어 보니 그래도 어릴 때는 생각보다 많은 이해 속에서 살았더군요. 시간이 지나 내가 이제 부모님의 나이가 되니 내 속을 온전히 터놓을 수 있는 존재가 있다는 것만으로도 넘치는 위안을 받게 됩니다. 정말 감사한 일이죠.

나를 있는 그대로 보여주면 힐링이 되고 치유가 됩니다. 내 앞에 있는 이 사람이 나를 이유 없이 비판하지도, 해를 끼치지도 않을 거라는 확신은 힘이 됩니다.

아이의 삶에 이런 존재가 단 한 명이라도 존재한다면 아이는 잘 자랄 수 있어요. 자신의 어떤 말에도 흔들리지 않고 든든히 그 자리를 지켜줄 누군가가 있다는 건 생각보다 큰 힘을 발휘합니다.

저의 육아 멘토인 작가님의 자녀 이야기를 잠시 하겠습니다.

그 친구는 어릴 때부터 하나에 몰입하면 지켜보는 사람이 걱정할 정도로 한 가지에 빠져드는 아이였다고 해요. 몰입도가 너무 높아 검사를 받아봐야 하는 건 아닌지, 아이가 아픈 건 아닌지. 부모는 그런 걱정을 하루에도 열두 번은 했죠. 하지만 꾸준히 관찰하며 하나에 집요하게 매달리는 모습에 "너는 ○○을 참 좋아하는구나"라고 인정하고부터는 아이의 관심사를 격려하며 더 깊이 살펴볼 수 있게 도왔다고 해요. 그랬더니 신바람 난 아이는 자라면서 더욱 흥미를 키우고 자신이 좋아하는 분야를 정확하게 파악해 고등, 대학 진학까지 한결같은 방향을 선택했다고 합니다. 그리고 현재 자신의 삶을 누구보다 만족해하고 있고요.

최근 부모가 자녀의 교육 문제를 상담하는 방송 프로그램이 인기 있는 추세입니다. 주된 문제는 '부모가 원하는 만큼 해내지 못하는 아이를 어떻게 하면 제대로 공부시켜 성과 내게 할 수 있을까?'로, 그에 대한 해답을 제시하는 과정을 보여주는데요.

안타까운 점은 그런 사례들 대다수가 아이의 강점은 무시한 채 남들 눈에 좋아 보이는 학과 혹은 진로를 강요한 부모와 아이 사이의 힘겨루기에서 비롯되었다는 거예요.

물론 부모로서 아이가 좋은 삶을 살 수 있도록 돕고 좋은 방향을 제시해주는 건 긍정적인 모습입니다. 문제는 그렇게 고민을 나누는 과정에서 아이의 관심사나 선호도, 강점 등이 철저히 무시된다는 데 있어요. 아이의 환경에 가장 많은 영향력을 행사하는 부모에 의해 의도적으로 만들어진 미래는 언젠가는 힘을 잃기 마련입니다.

내 아이가 무엇을 좋아하는지, 무엇에 흥미를 갖는지 부지런히 들여다보세요. 좋아하는 마음과 재채기는 숨길 수 없다고 하잖아요. 무언가를 좋아하는 아이의 마음이 힘든 사춘기를 이겨내게 하고 포기하고 싶은 순간에 다시 시작할 수 있는 용기가 됩니다.

아이의 관심사는 아이 삶에 베네핏입니다.
그것을 취하고 취하지 않는 건 온전히 부모의 몫입니다.

나와 아이만의 기록,
세상에 하나뿐인 내 아이 사전

문득 아이가 처음 제게 온 날이 떠오릅니다. 2.5킬로그램의 작은 아이를 실수로 떨어뜨리기라도 할까 걱정이 되어 품에 안는 것조차 겁이 났어요. 말도 안 되는 핑계처럼 들리겠지만 당시에는 그게 가장 큰 불안이었어요. 겁먹은 마음이 그대로 전해졌는지 아이는 제 품에 안기면 그렇게 울어댔습니다.

일주일 일찍 태어났기에 다른 아이들보다 눈에 띄게 작은 아이를 보며 열 달을 다 채우지 못하고 태어난 일이 제 탓 같아 죄책감이 있었던 걸까요. 아이에게 젖을 물리고 트림을 시키다 모조리 게워내는 모습을 보고 수도꼭지를 틀어놓은 것처럼 눈물이 줄줄 흘렀어요.

저뿐만 아니라 신생아를 처음 마주하는 엄마의 마음은 모두 이러하겠죠. 서툴고 어렵고 실수로 가득한 초보의 시간. 눈물바다였던 제게 간호사 분이 전해준 한마디가 있어요.

"어머니. 아기들은 위가 작아서 손톱만큼만 먹어도 배가 불러 잠들어요. 아이 키우다 보면 더 힘든 일이 많을 텐데 벌써 이렇게 자주 울면 안 돼요. 엄마가 강해져야죠."

아이를 알지 못함에서 오는 눈물은 그날로 멈춰야겠다고 생각했어요. 자연스레 책을 찾고 인터넷을 뒤지기 시작했죠. 이해하고 나니 아이를 바라보는 게 훨씬 편안해졌어요. 아이들이 저마다 다른 성향과 기질을 가졌음은 물론, 성장 과정과 발달 시기 역시 제각각이라는 사실을 알게 된 덕분이죠.

'이 시기에는 이렇다는데 내 아이는 왜 이렇지?'

타인이 기준이 되니 불안해지고 의구심이 듭니다. 수없이 밀려드는 의문과 불안감에 잠 못 드는 오늘이었다면 사고의 잣대를 눈앞에 있는 아이에 맞춰보세요.

물론 일반적으로 연령별 이뤄야 할 성장 과업은 존재합니다. 하지만 기억하세요. 우리가 꼭 이뤄야 한다고 생각했던 많은 것이 꼭 '그때!' 이뤄져야 한다는 건 아니라는 것을요.

뒤집기와 배밀이를 언제 하고, 기기를 몇 개월에 하며, 걸음마는 늦어도 언제까지 해야 한다고 정해진 건 없습니다. (단 생후 20

개월이 지나도 아이가 걷지 못하면서 전반적인 발달이 눈에 띄게 늦다면 전문의와 상담해보는 게 좋습니다.) 말이 빠른 아이가 똑똑하고 빨리 걷는 아이가 더 체력이 좋다는 보장도 없고요. 한글을 빨리 떼면 읽기 독립이 빨라 더 많은 책과 다양한 독서를 즐길 수 있는 장점은 있지만, 국어 공부를 잘하고 문해력이 뛰어난 사람으로 성장할 거라고 단정 지을 수 있을까요?

제 아이는 기기를 참 독특하게 했어요. 흔히 네 발로 기어야 두뇌에 자극이 잘 되고 빨리 걷게 된다는데 아이는 빨리 서고 싶었는지 한쪽 무릎은 꿇고 한쪽 발로 기었어요. 전진하는 속도는 엄청 빠른데 모양새가 특이하고 귀여웠던 기억이 납니다. 그러더니 며칠 지나지 않아 가구를 잡고 바로 서더군요. 네 발로 기지 않아도 돌 즈음에는 걷기 시작했고, 말이 빠른 편이었지만 읽기 독립은 일곱 살에 하게 됐죠.

책을 쌓아놓고 읽던 아이라 책 읽기 독립 후 혼자 독서를 할 수 있으니 더 좋아할 거라 예상했는데, 아이는 엄마가 읽어주는 책을 더 좋아했어요. 만화책을 읽으면 글밥 많은 책을 읽지 않게 된다던데 아이는 만화책도 좋아하고 그림책은 물론 두껍고 글밥 많은 책도 재미나게 잘 읽었고요.

그림 그리기를 좋아해 그림 대회에도 종종 출전했는데 성과가 좋았어요. 흥미도 많고 성취감도 커 초등 저학년부터 미술학원에 다니기 시작했지요. 재미있게 잘 다니던 6개월 차에 대회를 준비하면서 새로 온 선생님과 문제가 발생했어요. 정석대로 가르치려는 선생님과 자유롭게 그리고 싶었던 아이 사이에 트러블이 생긴 거죠. 아이는 본인 생각과 다르게 그림을 수정한 선생님의 도움을 다 지우고 자신의 방식대로 완성한 작품으로 대회 수상을 했어요. 자신의 의지로 해내고 싶었던 아이와 그리기를 돕고 싶었던 선생님의 의견이 의도치 않게 충돌한 것이었지요.

그런데 사람의 감정은 우리가 의도한 대로 움직이지 않더군요. 일단락된 줄 알았던 일은 다른 방향으로 전개되었습니다. 수동적이지 않고 자기주장이 강한 아이에게 감정이 상한 선생님이 유독 아이에게만 고압적인 태도를 보이기 시작했거든요. 아이는 미련 없이 학원을 그만뒀고 안타깝게도 그 일을 기점으로 그림 그리기에 흥미를 잃어버렸어요.

상은 중요치 않으니 아이가 스스로 잘해낸 부분에 대해 칭찬해 주었으면 어땠을까? 선생님의 도움이 아이에게 거부감보다 기분 좋은 경험으로 남았다면 얼마나 좋았을까?

아이를 품 안에서만 키울 수는 없는 노릇입니다.
아이는 이르면 어린이집부터 유치원, 초등학교에 걸쳐 본인이 중심이 되는 사회로 나아갑니다. 24시간 아이와 붙어 있을 수 없으니 어떤 사람을 만나고 어떤 상황을 마주하게 될지는 아무도 모르는 일이에요. 모든 상황을 부모가 제어한다면 그것도 심각한 문제가 되겠죠.

아이가 태어나 부모와 함께 나누는 시간부터 성인이 되기까지 수많은 경험을 통해 부모는 내 아이만의 사전을 하나씩 완성할 수 있어요.

일반적인 국어사전에는,
용기: 씩씩하고 굳센 기운. 또는 사물을 겁내지 아니하는 기개
라고 정의되어 있지만 내 아이에게 있어서는 다른 의미일 수 있습니다.

내 아이의 마음사전에는,
용기: 힘들지만 도전하고자 하는 마음

　　　잘못한 일을 인정하고 말할 수 있는 태도

　　　남들 앞에서 내 생각을 당당하게 발표하는 힘

　　　힘든 친구를 나서서 도와줄 수 있는 행동
처럼 성향과 기질에 따라 인식한 정의로 완성됩니다. 그래서 내 아이에게 적합한 육아 방향이 중요한 것이죠.

인정 육아

물론 주변에서 조언을 얻을 수 있어요. 부모가 처음인 우리에게 선배들의 이야기, 자녀교육서의 내용은 더없이 큰 힘이 되기도 하죠. 하지만 무조건적 맹신은 금물입니다.

'카더라'는 육아에서 위험한 사고 중 하나예요. 의도치 않게 나와 내 아이를 모두 괴롭히는 시발점이 될 수도 있고요. 누군가의 경험과 누군가의 이야기, 그리고 누군가의 상식 들은 지나치게 일반화된 평균값이거나 지나치게 한정적인 특수한 경우일 수 있기 때문이에요.

아이를 직접 느끼고 관찰해온 우리의 시간이 가장 좋은 해답이자 최고의 선택임은 분명합니다. 그 사실을 믿고 내 아이만의 사전을 완성해보세요.

거창할 필요는 없습니다. 사소한 기억부터 하나씩 기록하면 되는 일입니다. 지금의 문제를 해결할 힌트는 물론 아이가 가진 강점과 특성, 기질 들을 한눈에 볼 수 있는 사전입니다. 아이와 내가 함께 살아온 시간 속에서 세상 하나뿐인 소중한 사전을 완성하길 바랍니다.

부모의 말,
아이를 자라게 하는 긍정의 말 씨앗 뿌리기

말의 힘은 생각보다 더 대단합니다.

나도 기억하지 못했던 순간 뿌려놓은 말 씨앗은 일상에서 다양한 양분을 얻어 자라게 되지요. 이제부터 우리는 그 씨앗을 뿌려 건강히 쑥쑥 자라게 할 참입니다.

"혼자서 이걸 다 완성했어? 쉽지 않았을 텐데. 끝까지 해낸 네가 정말 자랑스러워."

"기다리는 시간이 꽤 길었을 텐데. 엄마 부탁을 들어줘서 고마워. 네 덕분에 엄마가 일을 잘 마무리할 수 있었어."

"아빠가 바빠서 못 챙겼는데, 우리 ○○이(가) 도와줘서 오늘은 하나도 안 피곤하네. 덕분에 힘이 난다. 고마워."

"먼 거리였을 텐데 혼자서 잘 찾아갔구나. 우리 딸(아들) 너무 기특해."

이 말들의 공통점을 찾아볼까요?

아이가 보인 성과가 아닌 그 성과의 과정을 칭찬하는 말이라는 게 한눈에 보인다면 이미 '자녀 이해도'가 매우 높다는 증거입니다.

아직 파악하기 힘들어 속상하다고요? 괜찮습니다. 우리는 지금 함께 나와 아이의 더 나은 삶을 위해 첫발을 뗐을 뿐이니까요. 차근차근 아이 마음에 물을 주고 햇살을 비춰주세요. 선선한 바람도 좋고, 햇살이 골고루 잘 향할 수 있도록 그늘진 부분도 살펴주세요.

아이를 잘 양육하는 가장 좋은 방법은 언제나 천천히 완성됩니다.

지금은 불안해 보여도 잘 크고 있다고 믿는 따뜻한 눈빛으로 아이를 바라봐주세요. 미운 일곱 살, 감당 안 되는 열네 살이라 도저히 마음이 움직이지 않는다면 의도적으로 행동하기를 선택하고 우선 실천해보세요. 행동은 일상이 되고, 습관이 되고, 참이 되어 자연스레 우리 삶에 봄비로 내려질 겁니다.

부모의
마음챙김

흔히 부모가 되면 아이에게 많이 주어야 한다고 생각해요. 모자라지 않게 풍족하게, 내 것은 조금 줄여도 아이에게는 충분하게 안기고 싶어 합니다.
내리사랑이라는 말에 걸맞은 당연한 감정입니다. 하지만 생각보다 아이는 부모가 줄 수 있는 최소한만으로도 행복해하고 기뻐하는 경우가 많아요. 눈 맞추고 귀담아 들어주는 것, 잠들기 전 따듯한 포옹 한 번, 힘들 때 토닥여주는 위로의 행동, 기특한 마음으로 쓰다듬어주는 손끝의 애정 하나에도 아이는 기쁘게 자랍니다. 아주 사소한 것이어도 충분합니다. 진심을 담은 부모의 말과 행동, 눈빛 하나도 아이에게 의미 있는 경험이 됩니다.

Q. 내가 가진 수많은 모습 중 아이에게 좋은 영향을 줄 수 있는 것은 무엇일까요? 10가지를 기록해보세요.

인정 육아

~~~~~~

Q. 내가 매일 하는 행동 중 아이에게 좋은 영향을 줄 수 있는 것은 무엇일까요?
    10가지를 기록해보세요.

3장

부모에 의해
결정되는 변화

아이가 하는 말에 선입견을 가지고 있다면
아이의 말을 들을 수 없다.

- 팜 레오

위기는 기회가 왔음을
알리는 신호탄

육아기는 아무리 생각해봐도 참 알다가도 모를 시기예요. 낯선 나를 마주하게 되지를 않나, 여유를 부릴 만하면 폭탄이 터지지를 않나. 말 그대로 매일이 참 다이내믹합니다.

자고 일어나면 몰라보게 쑥 자라 있는 외형만큼 낯선 감정을 시시각각 드러내는 녀석이 내 아이가 맞기는 한 건지 의구심이 드는 게 일상이 되는 시기. 그래서 초보라는 이름표를 달고 있는 우리에게는 매 순간이 당황스럽고 피하고 싶은 위기의 시간일 수밖에 없어요.

이때가 되면 부모는 3단계 감정 변화를 경험하게 됩니다.

1단계. 현실 부정- 내 아이가 원래 이런 애가 아닌데

2단계. 자기반성- 내가 뭘 잘못 가르쳤나?

3단계. 현실 직시- 이제 미운 열네 살이네, 사춘기가 시작됐구나

처음에는 현실을 부정하지만 내 탓, 남 탓이 이뤄지며 자기반성에 들어가고, 마지막으로 현실을 직시하는 인정의 단계를 거치게 됩니다. 여기서 우리가 자세히 들여다봐야 하는 부분은 바로 3단계 현실 직시입니다. 막연히 '그렇구나' 하고 인정하고 이해하고 넘어간다면 다시 만나게 되는 '위기'라는 순간에 밀려드는 불안감과 자괴감의 늪에 빠질지도 모르니까요.

천사처럼 순하고 사랑스러운 우리 아이. 부모 말이라면 신나게 따르던 아이가 어느 날부터 사소한 것에 떼를 쓰고, 또래들과 문제를 일으키고, "내가 할 거라고", "내가 알아서 할게"라며 자신이 해낼 수 있음을 온몸으로 보여줍니다.

순한 양처럼 말을 잘 듣던 아이의 실종은 부모의 삶에 있어 적잖이 충격적인 사건이라 할 수 있어요. 아이에게 지금은 틀렸고 이전의 너로 돌아가야 한다고 외치는 순간도, 이미 지나온 시간은 돌아갈 수 없다는 진실을 받아들이는 과정도 부모에게 감정적 고통이 동반됩니다.

'육아'는 과거도 미래도 아닌 '바로 지금을 살아가는 일'입니다.

인정 육아

앞으로 전진만 가능한 일방통행 길을 따라 뚜벅뚜벅 나아가는 일. 후진은 불가하고 시간은 되돌릴 수 없습니다.

하지만 참으로 다행인 사실을 알려드릴게요. 돌아갈 수는 없어도 수평으로 나아갈 수는 있어요. 잠시 시간이 지체되고 더디게 나아가더라도 수평으로 뻗은 다른 길에 언제든 발을 디딜 수 있다는 것은 큰 위안이 됩니다.

여러 선택지 중에 내게 맞는 속도와 방향이면 충분합니다. 수평으로 뻗은 길들은 내가 아이를 키우며 시행착오라는 이름으로 만나게 되는 수많은 순간입니다. 그 속에서 우린 또 다른 선택을 하고 실수를 만회하며 육아를 해나가는 것이죠. 그것이 육아의 명확한 정의입니다.

일관성을 지키는 일은 부단한 노력을 요하지만 부모가 뿌려놓은 수많은 일관성이라는 길은 아이에게 이탈을 줄이고 원하는 곳으로 향할 수 있는 '길을 만드는 힘'이 되어줍니다.

아이가 보이는 변화의 순간들, 즉 부모가 위기라 인지할 때가 비로소 기회가 왔다는 신호임을 기억하세요. 당장은 불편하고 피하고 싶지만 믿는 마음으로 아이를 기다린다면 분명 많은 것이 변화되는 걸 눈으로 확인할 거예요.

움츠렸던 몸이 드디어 때를 맞이해 한껏 기지개를 켜는 만큼 당장에 두 다리로 전력 질주할 수는 없겠지만 곧 아이는 이전보다 훨씬 큰 도약을 해낼 거예요. 물론 시행착오라는 샛길로 많이 빠진 만큼 더 잘 가는 방법도 찾아낼 테고요.

"내가! 내가 할 거야!!" 이렇게 외치는 아이는 부모가 믿고 맡겨준 기회만큼 자랍니다. 내가 해낼 수 있는 것은 무엇인지, 내가 해낼 수 없는 것은 무엇인지, 어떻게 하면 해낼 수 없던 것을 해내는 방향으로 이끌 수 있을지. 아이는 고민하고, 질문하며 자신의 힘을 키워갑니다.

"안돼!" "넌 할 수 없어!" "엄마가 해줄게!" 이런 말에 저지당하고 기회를 얻지 못한 아이는 제약의 크기만큼 멈춰 서고, 고개를 떨구고, 호기심으로 가득했던 시선을 거두게 됩니다. '나는 할 수 없어'라는 좌절감과 타인에게 의존해야만 가능한 현실 앞에서 무력감을 느끼며 자존감이 낮아질지도 모릅니다.

막다른 벽을 마주한 기분이 드는 지금, 이제 더는 돌아갈 수 없는 걸까요?

몰라서 했던 실수가 돌이킬 수 없는 결과를 낳게 되는 걸까요?

의욕도 없고, 도전하려는 의지도 없는 아이를 어쩌면 좋을까요?

인정 육아

괜찮습니다.

실수는 모두의 처음에 존재합니다. 부모가 되고 온통 처음인 세상 속에서 실수하고, 몰라서 후회할 수 있어요. 부족한 내 마음에 탓하고 생채기를 내기보다는 아이의 힘을 믿어보세요.

아이는 회복탄력성이라는 든든한 씨앗을 가슴에 품고 태어났어요. 시기적절하게 주어지는 물과 포근한 햇살만 있다면 뿌리를 내리고 싹을 틔울 기회를 얻게 될 거예요. 그러니 부모인 우리도 회복탄력성이 필요합니다. 실수를 만회의 기회로 삼으면 그만입니다.

육아라는 기간에 듣게 되는 '주 양육자의 책임'이란 단어는 해도 해도 너무합니다. 무거워 옴짝달싹할 수 없어 그저 내려놓고 싶고 피하고 싶게 만들지요. 그러나 세상의 기준이 아닌 나와 내 아이를 위해서 우리의 기준을 잡고 정면으로 마주하면 될 일입니다.

이제 더는 도망가지 마세요.

"내가 할 거야!"를 외치는 순간이나 "내가 알아서 할게!"를 외치는 순간처럼. 아이는 저 알아서 해보겠다는 강렬한 의지가 샘솟는 시기를 다시 맞이하게 되거든요.

사춘기에 뱉어내는 "알아서 할게"라는 말에 반신반의해도 의심의 눈을 살짝 가려보면 결국은 알아서 하겠다는 말이 책임감의 마중물이 되어서 해내야 하는 일을 하나씩 완성해간다는 걸 알게 됩니다.

넘어지고 속상해 울기도 할 거예요. 혼자 나아가는 일은 생각보다 쉽지 않은 일이거든요. 하지만 이것만은 분명합니다. 해내고자 하는 의지 속에서 자기만의 경험을 가진 아이는 한층 성장한 모습으로 다음을 맞이한다는 사실입니다.

육아는 20년이라는 시간 동안 아이와 내가 함께 성장하는 과정이에요. 울고 웃고 수많은 순간이 켜켜이 쌓여 아이도 부모도 동반 성장하는 과정이라는 불변의 진리. 언제든 우리에게 닥칠 위기는 설레는 기회라는 공식을 완성해보세요. 걱정보다는 위기를 기다리게 되고, 위기를 기회로 만들 길이 눈앞에 펼쳐질 테니까요.

인정 육아

스스로 할 수 있는 방향을
지지한다는 의미

생각보다 부모 노릇 하기가 참 쉽지 않아요.

세상에 쉬운 일이 없다는 걸 아이를 양육하며 절실히 깨닫고 있으니 말이에요. 육아란 과정 자체가 예측할 수 없는 일의 연속이기에 아이가 예상대로 움직일 거라는 기대를 버려야 내 마음에 평온이 옵니다. 어제는 그리 심각했는데 오늘은 해맑게 웃는 아이의 모습에 일희일비하며 아이의 감정에 휘둘려 요동치는 내가 '아직도 한참 멀었구나'라고 생각합니다.

아이의 고민을 듣게 되면 저는 일이 손에 안 잡히는 아주 예민한 성향의 사람입니다. 하지만 아이 앞에서만은 담담하고 여유로운 상담자 모드를 지키기 위해 치열하게 노력하는 두 얼굴의 엄마지요. 제가 할 수 있는 최선은 '잘 들어주는 것'과 '섣불리 단정 짓거나 조언하지 않는 것'. 이 두 가지뿐입니다.

무거운 마음으로 책가방을 메고 나서는 아이를 토닥이는 일밖에는 해줄 게 없어 "잘 다녀와라" 인사하고 돌아서면 온종일 아이 생각으로 머릿속이 가득 찹니다. 이런 날은 해야 할 일을 외면하고 멍하니 아이의 하교만 기다리며 시간을 죽이죠.

하교한 아이가 별일 아니었다고 웃어 보이면 그제야 인자한 미소를 장착한 너그러운 엄마 모드로 전환됩니다. 솔직히 떨리는 가슴을 안고 아이가 말을 꺼내줄 때까지 기다리는 것도 고역이지만 느긋한 엄마를 연기하지 않으면 쉬이 말을 꺼내지 않는 아이이기에 좋은 부모 가면은 필수품이 된지 오래입니다.

하지만 부모 가면을 사용할 때는 주의 사항이 있어요. 어색하게 목소리가 떨리거나 눈빛이 흔들릴 바에는 솔직한 게 낫다는 거예요. 제가 가면을 쓰더라도 아이는 기가 막히게 제 속을 꿰뚫어 보는 능력을 타고났거든요.

평소 엄마에게 1도 관심 없던 아이가 이럴 때는 매의 눈으로 엄마의 행동을 분석합니다. 부담스러운 긴장 상태가 종료되고 아이가 이야기를 마치고 노래를 흥얼거린다면 오늘은 성공입니다.

경보 단계가 해제되고 비로소 미뤘던 일들에 시선이 닿습니다.

인정 육아

매번 똑같은 상황이지만 아이를 원망하거나 그런 저를 탓하지 않아요. 어쩌겠어요. 이 또한 저의 모습인걸요. 그렇게 인정하고 나면 마음이 훨씬 편해집니다. 아이가 자신의 고민을 스스로 해결해 나가는 경험을 쌓았고 위기 상황이 해제됐다는 게 중요합니다.

아이와의 관계에서 적절히 개입하고 거리를 유지하는 일은 말처럼 쉽지 않습니다. 외동아이라면 더더욱 의도적인 거리두기를 해야 하는 순간이 끊임없이 발생하니 이를 악물고 버텨야 할 때도 있을 거예요.

육아 16년 차에 접어든 저도 마찬가지입니다. 부모를 가장 혼란스럽게 하는 것은 어디까지가 적당한 기준선인지 정답을 알려주는 이가 없다는 거예요. 육아서에서 흔히 이야기하는 '거리를 두세요', '개입을 줄이세요'라는 말들은 너무 모호하고 추상적입니다. 결국에는 나만의 방식으로 완성해야 하는 것이 육아입니다.

내가 걸어온 길이

아이와 보낸 시간이

우리를 위한 최선이었음을 인정하는 것에서부터

건강한 육아가 시작됩니다.

여러분이 생각하는 육아의 최종 목적지는 어디인가요?

'육아'라는 과정에서 결국 완성해야 할 목표는 **자녀의 온전한 독립**입니다.

성장할수록 난관이 도사리는 과제라 마흔이 넘은 부모도 완벽하게 부모님께 독립한 것인지 의구심이 들 때가 종종 있어요. 바꿔서 생각하면 그만큼 관계에 둘러싸인 인간이 온전히 자립해 홀로 서는 과정은 나 자신은 물론 주변의 적극적인 지지가 동반되어야 하는 일입니다.

사람은 태어나는 순간부터 독립된 존재가 되기 위한 여정을 걷습니다. 혼자 서기 위해 부단히 노력하고 시행착오를 거치는 것이 인간의 삶이기 때문입니다. 아이는 지금, 자신이 살아갈 삶의 방향을 찾아 나아가고 있어요. 혼자 서기 위해 수십 번 넘어지고 일어서며 걸음마를 완성하고, 혼자 해보겠다고 목이 터져라 "내가!"를 외치며 세상에 나가 제 역할을 하게 됩니다.

자녀가 스스로 해낼 수 있을지 의심된다면 잠시 하던 일을 멈추고 아이와 함께 걸어온 과거의 시간을 되짚어보세요. 셀 수 없이 많은 아이의 도전에 즐겁게 임했는지. 아니면 지속적으로 아이의 도전을 방해했는지 말이에요.

아이가 도전하는 모습은 눈물이 날 만큼 감동적일 때가 많아요.

인정 육아

양육자라면 누구나 한목소리로 동의하는 부분입니다. 이처럼 빛나게 아름다운 도전의 과정에는 부모의 인내심과 기다림. 즉, 한발 물러나 바라볼 수 있는 용기가 필요합니다. 간단하면서도 어려운 일, 그것이 가장 중요합니다.

부모의 경청이
빛을 발할 때

여러분은 오늘 아이의 말에 경청했나요?

전 오늘도 실수를 반복했습니다. 경청보다는 자꾸 아이의 말에 방법을 제시하고 있는 자신을 발견했거든요. 내 마음의 여유가 없으면 금세 고개를 들어버리는 경청할 수 없는 수많은 이유들.

분명 내가 아이의 말에 귀 기울였다고 생각했는데 온전히 마음에 닿지 못하고 있다는 기분이 든다면 '경청'에 대해 다시 한번 정리해봐야 할 때입니다.

경청을 방해하는 명백한 이유 5가지

1. 주의가 산만하다.

2. 휴대전화에 신경이 쓰인다.

인정 육아

3. 답을 제시해야 한다고 생각한다.

4. 말을 끝까지 듣지 못하고 개입한다.

5. 말의 의도를 확실히 이해하지 못하고 대답한다.

경청을 위한 태도 10가지

1. 눈을 마주치고 진심으로 듣는다.

2. 자신의 감정을 비판하거나 묵살하지 않는다.

3. 비록 내 생각과 다르더라도 이해와 지지를 표현한다.

4. 주의를 산만하게 하는 요소를 제거하고 집중한다.

5. 아이가 표현할 수 있는 충분한 시간을 준다.

6. 비언어적 표현으로 고개를 끄덕이거나 공감한다는 표정을 짓는다.

7. 대화 중에 아이의 말을 방해하거나 끝내지 않는다.

8. 인내심을 갖고 아이가 말하도록 기다려준다.

9. 필요할 때 언제든지 귀를 기울일 수 있다는 점을 안내한다.

10. "그 말을 듣고 기분이 어땠니?" 또는 "말해줄 수 있을까?"와 같은 질문을 통해 아이가 자세히 설명하도록 격려한다.

일반적인 경청 장벽을 극복하는 방법

1. 자신의 감정을 관리한다.

2. 주제가 까다롭거나 속상하더라도 침착함을 유지한다.

3. 감정이 불안정한 상태라면 휴식을 먼저 취한다.

4. 주의가 산만해지는 것과 멀티태스킹을 피한다.

5. 아이와 있을 때는 아이에게만 집중한다.

이렇게 이론적으로 완벽하게 정리해도 전 어제도 실수했고 언젠가 또 실수할 거란 걸 잘 알아요. 의식하지 않고 듣다 보면 나보다 어리고 부족하게 보는 무의식의 시선이 부모가 가진 기본값이기 때문에 '언제든' 조언하는 것이 가장 쉬운 선택지거든요.

생각보다 아이를 키우다 보면 유아기보다 훌쩍 자란 청소년기에 실수가 더 빈번히 발생해요. 아이가 어리면 내가 보호해야 하는 대상이란 본능으로 좀 더 조심하고 아이 위주로 배려하는 일상이 되는데요. 아동기, 청소년기의 아이를 보면 왜 이리도 답답한 마음이 드는 건지. 그동안 내가 믿고 지지해준 시간이 턱없이 부족한데 자꾸만 또래와 비교하고 '이건 당연히 해내야 하는 것'이라는 기준틀에 아이도 부모도 갇히게 됩니다.

그런 생각을 가지고 이야기를 듣는데 상대방이 원하는 대답이 나오기는 쉽지 않겠죠. 그래서 경청을 위해 유아기, 아동기, 청소년기 상관없이 다섯 가지 사항을 제안합니다.

인정 육아

잘 듣기 위해 하던 일을 멈출 것.

말을 끊지 않고 끝까지 들어줄 것.

섣불리 판단하지 말 것.

아이의 입장이 되어 들어보려 노력할 것.

어떤 것도 사소한 일이라 치부하지 말 것.

어른의 시선에서 아이의 일상은 사소한 일투성이죠. 이미 경험한 일에 실수를 반복하는 아이가 한심해 보일 수도 있어요. 하지만 아이의 경험은 대개 처음으로 인지될 가능성이 커요. 이전과 비슷한 상황으로 보여도 또 다른 친구와 발생한 문제일 수 있고요. 이전의 기억을 까마득히 잊었을 수도 있어요.

아이의 사고와 행동들은 많은 부분 부모에게 영향을 받을 수밖에 없어요. 가장 많은 시간을 함께 나누고 보고 자라는 것이 대부분이니까요. 어렵지만 부모가 멈추고 기다리며 참아낸 경청의 시간만큼 아이에겐 '나는 꽤 괜찮은 사람', '나의 생각을 나누는 일은 꽤 즐거운 일'이란 생각이 확장됩니다.

아이가 원하는 대로 해주고 아이가 해달라는 것을 사주는 게 과연 아이를 자라게 할 수 있을까요? 모르긴 몰라도 결코 자신을 가치 있는 사람이라 여길 수 있게 해주는 방법이 아니라는 사실은 분명합니다.

'네가 가진 생각을 나누는 일은 꽤 의미 있는 일'이라는 마음을 온몸으로 진심을 다해 보여줄 수 있는 것이 바로 경청입니다.

어리니까 모르는 것투성이에 부족한 존재로 낙인찍는 게 아닌, 끝까지 들어주는 행위로 인해 아이의 자존감이 자라고, 타인에 대한 배려와 존중을 익히는 건강한 마음을 가진 아이로 성장하게 됩니다.

무엇보다 명확한 사실은, 아이가 자기 생각을 자유롭게 말하고 타인과 소통할 수 있다는 믿음을 얻은 덕분에 본인 역시 다른 이의 말에 귀 기울일 줄 아는 멋진 어른으로 성장하게 된다는 것! 수백 가지의 이유를 대는 대신, 이것 하나면 우리가 경청해야 할 충분한 이유가 되지 않을까요?

일상의 경험이
자기 조절력이 되기까지

현재를 살아가는 아이에게 꼭 키워줘야 하는 능력을 묻는다면 가장 첫 줄에 자기 조절력을 기록하겠습니다. 나의 의도와 달리 쏟아지듯 밀려오는 어마어마한 정보량을 개인이 소화하기에는 지나치게 버거운 상황인 현실에서 자기 조절력을 키우는 것만큼 중요한 일은 없다는 의견입니다.

사실 자기 조절력은 어른, 아이 할 것 없이 모두에게 중요한 부분이에요. 내 시간을 온전히 내 것으로 쓰지 못하고 하루를 마무리하게 되면 걱정이 태산이 되니까요. 어른인 나도 이런데 아이에게는 얼마나 큰 영향을 미칠지 불 보듯 뻔한 일입니다.

단편적으로 좋은 습관을 키우고 학습력을 높이며 성취감을 배울 수 있는 일부 요소라기보다는, 삶의 전반에 영향을 미치는 핵심 능력이기 때문에 '자기 조절력'에 대해 입이 아프도록 이야기를 할 예정입니다.

인간에게 주어진 삶을 전체로 봤을 때 부모 품에 아이가 머무르는 시간만큼 스스로 조절하는 힘을 키워주기에 최적화된 시기는 없어요. 그 시작점이 영, 유아기라면 더없이 완벽한 기회고요.

유아기에 자기 조절력을 잘 습득한 아이는 이후에도 조절하는 힘을 통해 일상과 학습을 위한 습관에서 단단한 힘을 얻게 됩니다. 일찍부터 부모가 아이의 조절력에 관심을 가졌기에 아이가 성장한 이후에도 꾸준히 노력을 이어갈 가능성이 크기 때문이죠.

하지만 꼭 기억해야 할 부분이 있어요. 유아기에 잘 완성됐다 자부했던 아이의 자기 조절력이 안타깝게도 아동기, 청소년기까지 저절로 지속될 확률은 매우 낮다는 거예요. 모든 것이 손쉽게 흘러가는 현실 세계에는 호시탐탐 아이의 자기 조절력을 시험하는 요인들이 차고 넘치거든요.

저는 물론 많은 양육자가 흔히 하는 실수가 있어요. 아이가 어느 정도 성장하면 '알아서 잘할 것이다'라고 판단하고는 부모가 줄 수 있는 가장 귀한 유산인 노출 환경에 무관심해진다는 거예요. 그렇게 되면 지금껏 길러온 아이의 내면의 힘마저도 유지하기 힘들어진다는 걸 미처 알지 못하기 때문에 일어나는 일입니다.

인정 육아

아이가 꼭 가져야 할 단단한 기초 힘들은 혼자 완성하기에는 힘든 능력들이 대부분이에요. 이것이 자녀가 성인으로 성장하기까지 관심의 끈을 놓지 말아야 하는 핵심 이유인데요. 평생 아이를 가르치고 개입하라는 말이 아닌, 자녀를 향한 개입과 가르침은 사춘기(개인차에 따라 초등 중학년부터 고학년까지 사춘기를 겪는 시기가 다릅니다) 이전까지 집중적으로 관심을 높여야 한다는 뜻입니다.

내 아이의 사춘기가 아직 오지 않았다면 우선 최종 지점을 아동기까지로 정하고 이후 사춘기를 마주할 때 기한을 조절하면 됩니다. 아이 성장에서 자기 규제 즉, 자기 조절력을 키울 수 있는 시기는 크게 세 단계로 나눠집니다.

유아기

스스로 하고자 하는 의지를 아낌없이 표출하는 시기

아이는 감정을 스스로 제어하기 어렵기에 하고 싶은 것들이 차단되거나 불가해진 상황에서 울음을 터뜨리고 부모가 당황할 만큼 평소와 다른 모습을 보일 수 있어요. 그만큼 아이에게 사전에 안내하는 것이 중요한데요. 부모가 명령하고 강제하지 않고 미리 아이가 예상할 수 있는 상황을 만들어 **'마음껏!'**이 아닌 **'정해진 시간만큼!'**의 훈련을 시켜주는 것이죠.

예를 들어, 아이와 놀이터 혹은 키즈카페에 갔어요. 실컷 놀고서 이제 집에 가야 하는 시간입니다. 항상 아이들은 더 놀고 싶어해요. 더 놀고 싶다는 아이의 의견을 수용해 더 하고 싶은 게 무엇인지 물어봅니다. 미끄럼틀을 타고 싶다는 아이에게 몇 번 더 타겠냐고 되묻습니다. 아이는 미끄럼틀을 다섯 번 더 타고 싶다고 이야기합니다.

"그래, 그럼 딱 다섯 번만 타고 집에 가자. 엄마가 기다리고 있을게."

이런 경우 앞선 경험의 척도에 따라 아이들은 상반된 행동을 합니다. 기존에 약속을 잘 지켰을 때 칭찬을 아낌없이 받은 아이는 동일하게 약속을 이해할 가능성이 큽니다. 어깨를 으쓱해 보이며 당당하게 엄마에게 집에 가자고 말합니다.

반대로 이런 상황을 처음 마주한 아이는 "또! 또!"를 외치기 쉽습니다. 그럴 때 아이에게 이전 대화를 상기시켜줍니다. '오늘은 여기까지'라는 걸 아이에게 단호하게 말하고 다섯 번 약속을 지켰기 때문에 '다음'에 다시 올 수 있다는 안내를 합니다. 더 놀고 싶은 마음은 쉽게 가시지 않겠지만 '다음'을 기약해주는 엄마의 말을 아이는 수용합니다.

인정 육아

경험이 쌓이면 다음이 되었을 때 아이는 약속을 지키고 조절하는 행위를 반복할 가능성이 높아집니다. '하고 싶은 걸 참아낸 마음'은 긍정적인 결과를 가져온다는 걸 기억하는 일상이 이런 식으로 켜켜이 쌓여가는 것이죠.

찰나의 순간처럼 별거 아닌 사소한 경험이라고 생각하나요? 아이의 삶에 이 순간만큼 중요한 경험은 없습니다. 모든 게 처음인 아이. 세상을 배워가는 아이. 그 아이에게 긍정적인 자극은 '다시 한 번 또 그렇게 해야지'라는 마음을 심어줍니다.

아동기

활동성이 자유롭고 부모와 가장 많은 경험을 시도할 수 있는 시기

자기 조절력의 씨앗이 유아기에 뿌려졌다면 아동기를 지나며 건강히 잘 자라게 하는 것이 우리의 목표입니다. 어느 때보다 최대 허용 최소 개입의 과제를 늘 마음에 품고 있길 바랍니다.

'어디까지 허용해주고 스스로 조절하게 해줄 것인가?'

이제 아이는 모든 게 허용되는 시기가 아니에요. 타인에 대한 배려도 배우고, 해야 할 행동과 그렇지 않은 행동에 대한 구분도 분명해집니다. 아이가 인식하기 시작한 시기만큼 올바른 습관을 들여주기에 좋은 기회는 없습니다.

칭찬은 아이가 행동을 반복하게 하는 힘이 있어요. 하루에 딱 하나라도 좋습니다. 내 아이가 보여준 모습 중 칭찬할 거리를 치열하게 고민해보세요. 억지로 짜내도 좋습니다. 의도된 행동이지만 아이는 칭찬과 격려 속에 좋은 습관이란 행동을 강화할 거예요.

더불어 진심 어린 칭찬이 아니었던 나의 행동도 습관이 되며 어느 순간 꽤 너그럽고 다정한 부모로 분해, 아이와의 긍정적인 관계가 빛을 발하게 된다는 걸 꼭 기억하세요.

사춘기, 청소년기

사춘기에 접어들면 사고의 모든 요소는 본인 위주로 흘러갑니다. 타인의 개입은 물론 부모의 좋은 제안도 잔소리로 받아들여 반항의 마음에 불을 지필 뿐이고요. 타인과 비교해 수행 능력이 떨어지는 것에 자존심 상하며 자기 스스로 조절할 수 없음을 엉뚱하게도 부모 탓으로 돌려 원망의 표적으로 삼을지도 모릅니다.

간섭받기 싫고 혼자 하고 싶은 욕구가 찰랑찰랑 아이의 그릇에 넘쳐흐르는데, 지금껏 해본 경험이 없어 혼자서는 어찌할 바를 모르고 자신의 행동과 감정조차 조절할 수 없음은 아이에게 있어 심

인정 육아

각한 자존감의 부재로 이어질 수 있습니다.

자존감은 자아를 높이 평가하고 자신의 능력을 믿는 마음입니다. 자존감이 떨어지면 스스로를 쓸데없는 존재라 여기거나 자기 방어적인 태도로 타인을 향한 불신을 키우지요. 불안정한 감정이 요동치니 자기 목소리를 내지 못하고 두려움을 품은 부정적인 감정이 타인을 향한 비난으로 표출됩니다. 자연스레 자기만의 세계에 고립될 수 있습니다. 자기 조절력이 약해지면 이런 마음에 타격을 입게 됩니다.

특히 그동안 내가 지시형의 부모였다면 아이의 자기 조절력은 제로에 가까울 수 있어요. 자기 조절력은 몸집이 커지고 나이가 많아졌다고 해서 당연히 얻게 되는 능력이 아니기 때문입니다. 경험이 없으니 혼자 해내는 힘은 점점 줄어들고요. 의존하는 성향도 커질 가능성이 농후합니다.

지금이라도 아이가 스스로 해내는 힘을 키우는 것이 부모의 최대 목표라면 아이가 할 수 있는 것들에 하나씩 집중해보길 추천합니다. 늦었다고 생각하고 포기하기에는 아직 이른 시기임은 분명하니까요.

자존감이 높은 사람도 오르락내리락을 반복합니다. 강력한 심리적 타격으로 인해 부정적인 감정이 고개를 들 수도 있고요. 환경적 요인으로 인해 침울한 감정을 느끼고 위기를 경험할 수도 있습니다. 하지만 언제든 다시 변화할 수 있다는 걸 인지하는 것이 중요하겠지요. 다소 시간이 걸릴지라도 말이에요. 지금 내 아이의 자존감이 낮다고 해서, 혹은 지금껏 내가 잘못 이끌었다고 해서 죄책감을 느끼는 일은 없었으면 좋겠습니다. 다시 배우고 학습하고 경험하며 좀 더 나은 상태가 될 수 있다는 마음만 있다면 충분합니다.

다 큰 아이라서 내가 개입할 방법이 막막하다면 사소한 것부터 아이 몫으로 남겨주기를 추천합니다. 생각보다 아이가 할 수 있는 일은 넘쳐납니다. 물론 나이별, 개인차에 따라 다르겠지만 분명하게도 아이는 스스로 해낼 수 있는 것을 부모인 우리보다 훨씬 더 끊임없이 탐색하고, 제힘으로 성취하기 위해 매 순간 노력하고 있어요. 실수하고 넘어지고 울음을 터트리는 경험 속에서 아이는 자신만이 해낼 수 있는 것들의 가능성을 넓히고 할 수 있음을 확인해나갑니다. 이렇게 **실행하고 경험하는 것이 자기 조절력을 완성하는 과정**입니다.

아이에게 무엇보다 실행할 수 있는 기회와 경험은 축복과 같아요. 어느 때보다 허용 가능한 선을 넓게 잡고, "내가 알아서 할게!"라고 말하는 아이에게 "네가 그리 이야기해주니 고맙다"라고 덤덤하게 말해주세요. 지금은 아이의 삶에 귀한 울림이 되는 경험의

인정 육아

양과 질을 높여줄 때입니다.

아이의 자기 조절력을 키우기 위해서는 스마트폰 활용을 주도적으로 조절하는 연습이 중요합니다. 비단 아이의 문제만이 아닌 어른에게도 적용되는 핵심 사항이지요.

내 눈앞에 있는 누군가가 온전히 나와 집중해 대화하는 시간은 정확히 몇 분일까요? 마이크로소프트의 연구에 따르면, 평균적으로 사람은 대화 중에 약 10~15분 동안 주의 집중을 유지할 수 있다고 합니다. 그 후에는 집중하기가 더 어려워지고 특히 대화가 별로 흥미롭지 않다면 더욱 집중하기 힘들다고 합니다.

디지털 기기 및 기타 주의를 산만하게 하는 존재가 대화의 주의 집중에 상당한 영향을 미치는 만큼 소셜미디어를 과도하게 이용하고 스마트폰 알림을 끊임없이 받으면 대화에 집중하는 능력이 떨어지고 주의 지속 시간이 짧아지는 것은 당연한 결괏값입니다. 스마트폰 사용자가 하루 평균 52번 이상 화면을 확인한다는 사실만 봐도, 스마트폰을 가까이하는 것만으로도 산만해지고 기억력이 저하될 수 있음을 쉽게 이해할 수 있습니다.

아이의 기질과 성향, 그동안 부모와의 규칙을 어떤 방식으로 수행했는지는 스마트폰 사용 결과에 가장 큰 영향을 줍니다. 현재를 살아가는 부모 자녀 사이의 감정을 상하게 하고, 화를 내게 하고, 마음에도 없는 말을 뱉어내게 하는 주원인이니까요. 하물며 아이가 공부할 때 스마트폰을 곁에 두는 건 당연히 학습 방해 요인 1순위입니다.

저희는 아이의 초등 시기부터 텔레비전 시청이 자율적이었습니다. 언제나 허용이 된 상태라 할 수 있지요. 강제하지 않고 막지 않았더니 놀랍게도 아이는 초등 6년간 스스로 텔레비전을 켜는 일이 거의 없었어요. 물론 자율로 맡기기 전까지 규칙적으로 텔레비전을 시청할 수 있는 시간을 정해 습관화했습니다. 유아기부터 영상 한두 편을 보면 전원을 끄는 식으로 규칙을 정했더니 더 보여달라 떼를 쓰는 일도 없고, 보고 싶을 때는 봐도 되는지 꼭 허락을 받고 시청하더군요(대개 유아 대상의 프로그램은 15~20분 내외입니다).

스마트폰 역시 특별히 다르지 않았어요. 물론 중학생이 되니 스마트폰 사용 시간이 눈에 띄게 늘었고, 중학교 3학년 졸업 즈음이 되었을 때는 처음으로 SNS를 시작하면서 중독이 아닐까 걱정했던 적도 있었어요. 하지만 강제로 기기를 빼앗거나 감시하기보다는 왜 조절해야 하는지에 대해 아이와 일주일에 한 번씩 대화를 꾸준히 했답니다.

아이 역시 스스로 조절이 안 되어 당혹스러웠던 경험을 솔직히

인정 육아

이야기해줬고, 지금은 어떤 이유로 조절하지 못했는지 이유를 스스로 찾아가며 앞으로 어떻게 조절하고 어떤 노력을 해야 하는지에 대해 이야기합니다.

나의 명령에 따라야 하는 대상이 아닌 나와 같은 인격체로 아이와 소통을 시도하니 아이는 최대한 자주 사용하는 앱들을 스마트폰 폴더 안으로 숨겨 사용을 불편하게 하거나 시험 기간에는 앱을 삭제하는 방식으로 사용을 조절하고 있습니다.

아이를 관찰하고 대화한 결과, 스트레스 지수가 높거나 감정적으로 힘든 일이 있을 때 좀 더 스마트폰에 몰입해 멍하게 있는 횟수가 늘어나는 걸 알 수 있었어요. 이럴 때는 아이와 스트레스 요인에 대해 이야기 나누거나 대화하는 환경을 달리하여 아이의 기분 전환을 시도해보는 것도 도피성 스마트폰 사용에서 벗어날 수 있게 돕는 방법임을 알 수 있었습니다. 스마트폰 중독 증상이 보이는 아이에게 훈계하고 벌을 주는 것보다는 '이유가 무엇인지' 혹은 '분명히 이유가 있을 것'이라는 믿음으로 아이의 마음을 들여다보길 당부합니다.

강제적으로 사용을 금지하고 억압하는 것은 가장 손쉬운 방법입니다. 부모가 기기를 구매해주지 않거나 압수하고 사용 요금을 지원하지 않는 방법으로 아이가 스마트폰을 사용할 수 없게 만들 수는 있겠지요. 하지만 강압에 의한 제약은 부모의 눈을 피해 예기치 못한 결과를 낳게 합니다.

반대로 강압적으로 하지 않는 방법에는 많은 시간이 소요됩니다. 인내심이 바닥을 치고, 몇 번이고 욱하는 마음을 눌러야 할지도 모릅니다. 하지만 더딘 만큼 아이의 삶에 '스스로 해낼 수 있는 힘'이 더 깊고 견고하게 뿌리내릴 수 있는 시간을 선물하게 됩니다.

자기 몫으로 주어진 일에는 '생각'을 해야 합니다. 언제 시작하고 언제 멈춰야 할지, 원하는 만큼 사용 시간을 늘리기 위해 부모를 어떻게 설득할 것인지 생각하고 부모와 대화를 시도해야 합니다. 자신의 의견이 얼토당토않다면 불가하다는 답을 받을 것이고, 충분히 설득력이 있는 의견을 냈다면 수용되고 원하는 결과를 얻는 경험을 하게 됩니다. 별거 아닌 과정이지만 이렇게 행동하며 쌓은 경험은 주체적인 아이로 자라는 것과 동시에 더 크게 생각하는 힘을 키울 수 있는 기회가 됩니다.

인정 육아

아이의 가능성 열어주기,
기회는 타이밍이다

"괜찮아. 어차피 미술은 중요하지도 않아. 그림보다 피아노가 너한테 어울려."

"네가 그걸 어떻게 한다고 그러니. 너한테는 그거보다 이게 딱이야."

"됐어. 이 정도면 충분해. 사실 너는 수영보다는 발레를 더 잘하잖아."

"에구 그렇게 어려운 걸 하려고 하니깐 힘들지. 이런 건 안 해도 돼. 네 나이에 이건 너무 어려운 거야."

"어린애들끼리 대중교통으로 이동하는 게 쉬운 일인 줄 알았니? 환승 잘못하면 엉뚱한 길로 갈 수도 있는데 너 집 찾아올 수 있어? 위험하니까 엄마가 데려다줄 수 있는 날로 약속 바꿔."

놀랍게도 우리는 아이에게 '너는 할 수 없는 사람'이라는 인식을 심어주는 말을 매일 반복합니다. 결코 아이의 성장을 막으려는 의도는 없습니다.

노파심, 불안감, 타인에 대한 불신 등이 투영되고, 아이를 지키기 위한 맹목적인 부모의 자식 사랑에서 비롯된 결과지요. 물가에 내놓은 아이 같다며 일흔이 넘은 부모가 쉰이 넘은 자녀를 걱정하는 것과 마찬가지입니다.

걱정하는 마음, 행여나 나의 선택으로 아이에게 안 좋은 결과가 있지 않을까 하는 불안. 내 아이를 위한 그 마음을 탓할 수 있는 사람은 어디에도 없을 거예요. 아니 오히려 너무도 당연한 마음이라고 생각합니다.

단, 그럴 수 있음을 인정하고 무리하지 않는 선에서 이전보다 시야를 조금 더 넓혀보자는 거예요.

불안감이 드는 현실에서 내가 생각하는 안전의 테두리가 너무 좁은 건 아닐까?

내가 살아온 인생을 교과서로 여기고 다른 곳으로의 시야를 전면 차단한 건 아닐까?

아이의 강점이나 관심사보다 내가 목표한 방향으로 이끌어가고 있는 건 아닐까?

인정 육아

이 세 가지 질문에 대해 한 번쯤 시간을 할애해 생각해볼 필요가 있습니다.

사랑을 고백하는 순간은 타이밍이 가장 중요하죠. 너무 빨라도 안 되고 너무 늦어도 안 되는 눈치 싸움. 내가 사랑하는 그 사람의 마음을 들여다보고 내 마음이 닿을 수 있는 그때가 정확히 언제인지 알아야 고백하는 마음이 통할 가능성이 커집니다.

아이의 가능성을 키워주는 것도 타이밍이 관건입니다. 반복되는 일상 속에서 아이가 의지를 보이고 달려드는 순간을 캐치하는 것 역시 찰나의 기회거든요. 어제는 최고로 재밌다가 오늘은 너무 시시하다는 아이. 단순히 변덕이 심한 아이로 치부할 것이 아니라 아이의 현재 감정에 민감한 안테나를 세워야 할 때입니다.

그럼 민감한 안테나는 어떻게 완성될까요? 아이에게 좋은 습관을 들여주는 데 노력하는 만큼 부모 역시 아이에 대한 관심의 습관을 차곡차곡 쌓아가는 것입니다. 아이의 마음을 깊이 들여다보고 타이밍을 잡는 일은 꾸준한 관심과 관찰이 선행되어야 하거든요.

사랑하는 사람의 마음을 얻기 위해 노력하듯이, 아이를 향해 내가 원하는 대로 끌고 가는 게 아닌, 아이가 진심으로 열정을 쏟는 순간을 잡으세요.

그게 무엇이 되었든지 부딪쳐보게 합니다. 그때가 초등학생 시기면 가장 베스트이지만 중학생 시기 역시 폭넓은 경험의 선물을 넘치도록 안겨줘도 좋습니다. 아이가 고등학생이거나 그 이상의 나이라면 자투리 시간을 활용해 아이의 신호를 기다려보세요. 언제든지 지금이 최고의 적기입니다.

최소한의 안전이 보장된다면 '어리니까', '어려우니까', '실패할 수 있으니까'라는 생각은 이제 조용히 묻어두기로 해요. 그런 내 결심이 아이의 가능성에 물꼬를 트고, 작은 물길을 따라 흘러 구불구불한 강을 만나 결국 넓디넓은 바다에 닿게 합니다.

부모가 아이에게 줄 수 있는 유산은 다른 게 아니에요. 엄청난 재물을 안겨준다 해도 조절하고 성장시키는 힘이 없다면 아이는 금세 모래성처럼 무너져버릴 수 있어요. 올바른 가치관을 가지고 스스로 조절하며 헤쳐나갈 수 있는 힘을 유산으로 물려주세요.

인정 육아

최대 허용
최소 개입의 법칙

아이는 새로운 것을 배우고 익히는 데 편견이 없습니다.

어른의 설명이나 안내가 제대로 되었을 경우, 아이는 누구보다 빠르게 습득하고 제 것으로 만들어내는 힘이 있지요. 그렇기에 영, 유아기부터 좋은 것을 습관화하고 나쁜 것을 자제하도록 도우면 아이 스스로 조절하는 힘을 기르며 가능성의 파이를 키울 수 있습니다.

아이가 여섯 살 때 일이에요. 조부모님을 모시고 음식점에 들렀던 날인데 자리가 만석이라 번호표를 받아 대기해야 했지요. 대기석 옆에 있는 냉장고 속에는 음식점에 방문한 손님을 위한 아이스크림이 가득했습니다. 식사를 마치고 나가는 사람, 대기하는 사람

너도나도 냉장고 문을 여닫으며 아이스크림을 꺼내 맛있게 먹었답니다.

아이가 그 모습을 보더니 떼를 쓰기 시작하더군요. "엄마 나도 아이스크림 먹고 싶어요. 진짜 먹고 싶어요"라고요. 안쓰러운 마음에 아이스크림을 하나 꺼내주고 싶었지만 마침 감기에 걸린 아이에게 좋지 않기에, 지금 먹을 수 없는 이유를 설명하고 잘 참고 감기가 나으면 원하는 맛으로 사주겠노라고 약속을 했어요.

분명 아이에게는 쉽지 않은 일이었을 텐데, 아이는 감기가 나으면 다음에 꼭 사달라는 이야기를 끝으로 아이스크림을 더는 찾지 않았어요.

그날 밤, 아이와 목욕을 하고 있었는데 갑자기 아이가 이야기를 꺼내더군요.

"엄마! 아까 그렇게 얘기해줘서 고마워요."

"무슨 얘기?"

"아이스크림 먹지 말라고 한 거요. 엄마가 내 몸을 걱정해서 얘기했던 거잖아요. 고마워요, 엄마."

아이가 방긋 웃으며 하는 이야기에 순간 멍해짐을 느꼈답니다. 어떻게 아이가 이토록 기특할 수 있을까? 엄마가 단순히 저 하고 싶은 걸 하지 못하게 한 것이 아니라 자신의 몸을 걱정하여 그랬다는 걸 아이가 이해하고 있다는 사실에 감동을 받았던 기억입

인정 육아

니다.

제가 아이에게 꾸준히 설명하고 저와 동등한 인격체로서 대했던 많은 배려가 아이에게 고스란히 전해졌음을 느꼈습니다. 아이는 그런 일상의 경험을 바탕으로 자기 조절력을 키웠겠죠. 아이가 텔레비전을 볼 때도 강제로 아이를 멈추게 하지 않고, 스스로 멈출 수 있도록 습관을 들였어요.

부모가 처음부터 아이에게 보고 싶을 때까지 보라는 식으로 조절하기 힘든 허용 범위를 주는 것은 도움이 되지 않아요. 30분 정도 아이 곁에서 함께 시청하며 두 편 혹은 세 편으로 확실한 제한점을 안내한 뒤 아이가 자진해서 약속을 지키는 경험을 반복하게 하는 것입니다. 그러면 아이도 스스로 기준을 잡고는 떼를 쓰거나 눈치를 보지 않아요.

『아이의 자기조절력』이란 책에는 이런 글귀가 나옵니다.

"아이는 오히려 꾸중하는 엄마를 신뢰한다. 자기를 위해 꾸중한다는 것을 안다. 엄마의 꾸중이 반가운 건 아니지만 적어도 자신을 지켜주고 있다는 사실을 알고 안심한다. 제지하고 꾸중하는 울타리가 아이의 정서적 안정을 지켜주는 보호막이다."

할 수 있는 범위를 넓히면 아이는 불가한 영역에서 자기 조절력을 발휘합니다. 어느 날 갑자기 생기는 힘이 아닌 아이의 경험이 모이고 모여 완성되는 결정체입니다.

참으로 성격 급한 내가 아이를 만나 나름의 육아의 기준을 세우며 고민했던 부분들이 내가 꿈꾸던 육아와 유사한 길임을 실감합니다. 언제 또 폭풍우를 만나 당황하거나 지칠지 모르지만 앞으로도 우리가 만족감과 행복감을 키워가는 길. 그 길을 아이와 함께 걷기를 다짐해봅니다. '너를 이해하는 노력'이라는 이름과 함께 말이에요.

아이의 자기 조절력을 키우기 위해서는
허용된 시간 안에 허용선의 기준을 마련해야 합니다.
그리고 허용의 기준이 관대해야 불허용에 대한 인지가
아이에게 제대로 이루어질 수 있습니다.

유아기에만 통할 줄 알았던 말이 사춘기 아이에게까지 적용됨을 관찰하며 그저 놀라운 요즘. 처음 '최대 허용 최소 개입'이란 개념을 알게 되었을 때가 생생히 떠오릅니다.

아이들의 첫 번째 자기 의지는 생후 18개월 전후로 표출되기 시작해요. 무엇이든 자신이 중심이 되어, 부모의 세세한 행동을 그냥 넘어가지 않지요. 이걸 해보라고 해서 했더니 이렇게 했다고 울음을 터트리고, 저렇게 해보라고 해서 해보니 또 그 방법은 잘 못됐다고 화를 내는 아이.

깊게 생각지 않으면 마냥 말썽꾸러기, 변덕쟁이 같아 보이는 이 시기에 아이는 가장 눈에 띄는 성장을 하고, 자신의 분명한 의식을 자기만의 방식으로 드러내게 됩니다. 그래서 유아기의 행동에는 즉각적인 개입보다는 한발 물러나 바라보는 것이 필요합니다. 섣부른 부모의 개입으로 인해 10분으로 끝날 일이 아이의 울고불고 떼쓰기로 이어져 곱절이 넘는 시간을 지켜봐야 하는 일이 일상적으로 일어나니까요.

스스로 하려는 마음은
아이가 세상을 배워가고자 하는 의지입니다.

생명에 위협이 되지 않는 사소한 일에 부모의 방식으로 개입하고 아이의 행동을 저지한다면, 아이는 '나 자신'이 아닌 '부모가 바라는 모습'으로 자라게 됩니다.

매일같이 조금만 도와주면 해결될 일이기에 개입할지 말지 고민될 거예요. 하지만 지금껏 내가 보아온 아이를 믿고 **나에게 도움을 요청할 때까지 기다리기를 선택합니다.** 이 기다림이 헛되지 않을 거란 믿음을 장착하고서요.

그래도 그 기준의 범위를 잡는 게 모호하다면 '최대 허용 최소 개입의 법칙'을 육아의 1원칙으로 세워 기록해보세요.

1. '아이가 할 수 있을까?'라고 생각되는 것들은 모두 허용선 안으로 잡는다.

2. 낯선 상황이나 사물에 대해 머뭇거리는 아이에게 "괜찮아. 한번 해볼래?"라고 기회를 열어준다.

3. 아이가 도움을 요청하지 않는다면 아이를 향한 시선을 최대한 거두고 나의 할 일을 찾는다.

4. 이것만은 꼭 지키겠다는 '나'의 허용선을 명확히 기록해둔다.

5. 내가 했던 기준을 스스로 깨버리지 않도록 주의하고 일관된 지시가 아이의 삶을 건강하게 한다는 사실을 잊지 않는다.

인정 육아

부모의 말,
부모의 응원이 마법을 부리는 순간

아이를 응원할 때 어떻게 마음을 전해야 할지 고민될 거예요. 생각보다 아이에게는 큰 소리의 응원보다 부모가 일상에서 보여주는 행동들이 더 크게 닿을 가능성이 커요.

아이는 매 순간 새로운 도전을 마주하며 자신에 대해 돌아보기를 반복합니다.

'과연 내가 해낼 수 있을까?'

'실수하면 어쩌지?'

'지금껏 잘했는데 이번에 잘못하면 못하는 아이라고 실망하지 않을까?'

표면적으로는 스스로 선택한 도전인 것 같지만 부모에게 칭찬 듣고 싶은 마음, 타인에게 인정받고 싶은 마음이 행동의 동기였을 가능성도 있습니다.

행동을 이끄는 방향이 자신에게서 비롯되었든, 타인의 지지를 원해서 시작한 일이든. 힘들어도 해내고 싶은 아이의 마음에 집중해 지금부터 부모인 나만이 줄 수 있는 마법을 부릴 참입니다.

"나 자꾸 실수만 하니까 바보 같아. 나는 ○○이랑 안 맞나 봐"라는

아이의 말에,

"꼭 상을 받고 잘해야만 하는 건 아니야. 결과가 좋은 것도 좋지만 힘들 수도 있는 목표에 도전하는 네 모습이 대견하고 자랑스러워."
"한번 해봐. 자꾸 도전을 반복하다 보면 어떻게 하면 잘되는지 나만의 방법을 찾게 되거든. 정말 멋지고 신나는 일이지?"
"자꾸 실수하니까 속상했구나. 그런 마음이 들 수 있어. 엄마도 그랬거든. 근데 몰랐던 걸 처음 배워갈 때 실수하는 건 당연한 거야. 너도 잘 알고 있는 에디슨, 빌 게이츠, 스티브 잡스도 목표한 것을 이루기까지 실수를 거듭했잖아. 그러다 점점 실수가 줄어들면서 더 잘하게 됐대."
"아빠도 처음은 항상 어렵고 겁이 나더라. 근데 실수할 게 겁나서 피했다면 할 수 있는 일이 정말 많이 줄었을 거야."

이 외에도 내 아이에게 용기를 주는 응원의 말은 넘치게 많아요. 그저 우린 그런 말을 입 밖으로 내는 연습이 되어 있지 않기 때문에 어색하고 힘든 것이죠. 한꺼번에 모두 해내려는 마음이 아닌 백 개의 계단을 하루에 하나씩 올라가는 일이라고 생각해보세요. 참으로 손쉬운 일이잖아요.

육아는 그렇습니다. 내가 즐기는 만큼, 내가 쉽다고 여기는 만큼 물 흐르듯 흘러가는 것이 바로 육아입니다.

부모의
마음챙김

부모의 판단과 의지를 줄인다는 의미는 아이의 생각이 넓어지고 많은 부분 스스로 판단과 결정을 해야 한다는 의미입니다. 부모의 허용 안에서 아이는 마음껏 뛰어놀고, 자신이 잘하는 것과 신나게 몰입할 때를 알게 됩니다. 불가함과 가능함의 명확한 기준이 반항하고 불편한 감정을 키우는 게 아닌 아이 내면 깊이 정서적 안정감을 심어줍니다. 부모의 허용은 아이를 더욱 반짝이게 합니다. 이런 일상이 반복되면 주도적으로 자기 조절력을 키우는 열쇠를 찾게 된다는 걸 꼭 기억하세요.

Q. 아이가 스스로 할 수 있도록 내가 허용할 수 있는 것들은 무엇이 있을까요? 10가지를 기록해보세요. 사소한 것도 좋습니다. 편안한 마음으로 고민 후 작성해보세요.

인정 육아

아이가 원한다는 이유로, 아이가 속상할지도 모른다는 생각으로, 아이가 창피할까 걱정스럽다는 어른의 판단으로 허용의 잣대가 적용되면 결과의 몫은 아이가 아닌 부모의 것이 되어버립니다. 쉽게 얻은 성취에 아이 역시 순간적인 만족은 얻겠지만 자신이 주체가 된 경험의 기회는 사라집니다. 그래서 아이를 위해 부모가 나서서 판단하는 일을 줄이는 건 매우 중요합니다.

Q. 아이가 스스로 할 수 없도록 내가 개입하는 것들은 무엇이 있을까요? 10가지를 기록해보세요.

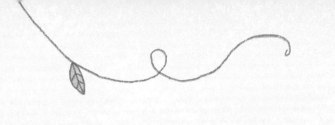

4장

육아의 기본값:
차이에 대한 인정

아이들은 빚어져야 할 존재가 아니라,
펼쳐져야 할 사람이다.

- 제스 레어

아이는
늘 변한다

 '아이'라는 존재의 특성을 나타내기에 가장 적합한 표현은 '아이는 늘 변하고 있다'는 말이에요. 어떤 성향과 어떤 방식으로 변할지는 알 수 없지만 아이는 분명히 변할 것이고, 지금도 변하는 중입니다. 그래서 초보 부모는 어렵고 혼란스럽고 고통스러운 것이 육아라는 결론에 도달합니다.

 인간의 뇌는 기본적으로 어렵고 힘들게 여겨지는 것은 피하고 싶은 본능을 가지고 있어요. 하지만 육아는 시작점을 밟으면 결코 중단할 수 없는 과정이기에 '한숨', '한탄', '원망'을 이고 지고 가게 됩니다.

 어렵고 힘들기에 피하고 싶고 도움의 손길이 절실할 거예요. 그런 힘듦을 인정받지 못하고 오롯이 나 혼자 해내야 하는 상황에 나의 모든 고통에 대한 원망은 가장 가까운 가족에게 향합니다. 그런 상황이 지속되면 악순환의 고리를 돌고 돌게 되어 내 마음도 다치고 아이 마음도 다치게 되는 최악의 시간을 마주할지도 모릅니다.

쉽지 않은 과정이고 어렵고 힘든 시간이지만 다행스러운 사실은 아무것도 모르던 처음의 나는 아이와 부대끼며 조금씩 성장하고 있다는 것이에요. 어찌해야 할지 몰라 눈물바다를 만들지언정 이내 툭툭 털고 일어나 아이에게 둘도 없는 든든한 부모의 모습으로 곁을 지키고 있게 되니 말이에요.

고통이라 칭해도, 행복이라 칭해도 결국 시간은 흘러갑니다. 그래서 '육아'라는 시간에는 '그럴 수 있지'라는 말을 꼭 가슴에 품어야 해요. 아무것도 몰랐던 내가 연거푸 실수를 반복해도 부모로서 꽤 괜찮게 성장한 것처럼, 아이도 많은 실수와 변화를 반복하며 '할 수 있음'과 '해내고 싶음'을 아우르며 지금에 서 있습니다.

당시에는 딱 죽지 않을 만큼의 고통이었는데 힘든 시간이 흘러가니 참으로 멋진 일이 아닐 수 없습니다. 긴 시간 속에 뼈아픈 순간들도 있었지만 지금 내가 좋으면 그것으로 충분하다는 생각입니다.

좋은 말들을 어떻게든 끼워 맞춰 설득하려는 제가 보인다면, 옳게 봤습니다. 아이가 변하는 순간들이 얼마나 힘든지, 다시 적응하는 게 얼마나 지치는 일인지 모르는 바가 아니기에 듣기 좋은 소리를 쏟아내는 작자가 마음에 들지 않을 수 있어요.

저는 당연히 두 아이의 엄마가 될 거라는 확신이 있었습니다. 그래서 아이와 함께하는 동안 실수를 하더라도 '둘째에게는 이렇게 해야지'라고 생각했을 정도니까요. 다음이 설레게 기다려지고 부푼 기대로 동생을 기다리는 아이와 많은 이야기를 나눴습니다.

온통 핑크빛이었던 육아가 처음으로 캄캄한 어둠으로 보였던 시간이 바로 이때입니다. 둘째 아이를 가지기 위해 애썼던 시간이었죠. 첫아이가 태어나고 만 3년은 아이에게 집중하겠다는 목표를 달성하고 아이의 동생을 기다렸어요. 6개월이 지나고, 1년이 될 때까지 기다림을 지속하며 알았습니다. 당연했던 미래가 불투명해질 수도 있다는 것을요.

매달 예민해지는 저를 마주했고 언제부터인가 별것도 아닌 일로 아이에게 화를 내는 저 자신을 인식하고는 온몸에 소름이 돋았습니다. 한심하기 짝이 없는 제 모습도 싫었지만 '어쩌면 나에게 다음은 없겠구나'라는 걸 직감했기 때문입니다.

이를 계기로 전 제 앞에 있는 아이와의 매 순간을 마지막이라 여기기로 했습니다. 실수를 줄여나가는 데 집중하고 아이가 기억할 제 표정을 한 번 더 들여다보고요. 마음을 다하고 애정으로 바라보니 아이를 더 잘 기다리고, 더 잘 이해하는 힘이 생겼습니다. '그럴 수 있지', '네 마음이 그랬구나'라는 생각을 기본값으로 장착한 진짜 이유. 조금은 슬프지만 제 삶에 없어서는 안 될 의미 있는 전환점입니다. 제 육아가 단 하나뿐인 선물이 되었으니까요.

부모가 새로운 경험을 통해 변하고 성장하듯, 아이도 성장 과정에 따라 변하고 또 성장합니다. 아이가 변하는 모습이 그만큼 잘 크고 있다는 증거라는 걸 알고 있다면 '그럴 수 있지'가 가능해져요.

변화하는 만큼 더 멋지게 성장할 나와 아이. 단단한 알을 깨고 새로 태어나듯 멋진 내일의 우리를 온 마음을 다해 응원합니다.

인정 육아

개인차를 놓치면
비교의 늪에 빠진다

'개인차'라는 게 무엇일까요? 말 그대로 개인차라는 건 '마흔 살 이현정과 마흔 살 김현정의 차이다'라고 생각합니다.

우리는 모두 다른 성격과 생각, 외형을 가지고 살아갑니다. 쌍둥이라고 하더라도 똑같이 성장하는 경우는 없으니까요. 유치원생도, 초등학생도 아는 명백한 사실을 우리는 너무 쉽게 머릿속에서 지우며 살아갑니다.

'왜 우리 아이는 이게 안 되지?'

'문제가 있나?'

'더 가르쳐야 하나?'

'재촉해야 하나?'

라는 갈등과 함께 말이에요.

사회적 동물인 인간은 살아가는 것 자체가 비교라는 굴레에 갇혀 사는 것이라고 해도 과언이 아닙니다. 무한 경쟁 시대에 돌입한 대한민국에서 살다 보면 '비교'라는 건 어쩌면 당연한 필수 요소처럼 느껴지기도 하고요.

'비교는 절대 안 해야지!'라고 다짐하지만 그게 참 마음처럼 안 돼요. 모두가 그런 분위기인데 나 혼자 악착같이 그러지 않겠다고 한들 당장 눈앞에서 비교를 당하게 되면 마음이 상하는 것도 사실이고, 비교의 말과 글이 주변에 넘쳐나니 나도 모르게 내 아이와 다른 아이를 저울질합니다. 불안과 속상함이 머릿속을 잔뜩 헤집어 어떤 날은 일상이 꽤 힘겹기도 하고요.

2011년 EBS 〈다큐프라임〉에 '마더 쇼크'라는 3부작 다큐멘터리가 방영됐습니다. 아이가 어떤 행동을 취했을 때 한국 엄마는 자녀와 다른 아이를 비교하며 평가했고, 미국 엄마는 자녀의 있는 그대로의 모습을 칭찬하고 격려하는 모습을 보여줬습니다.

지금도 생생히 떠오르는 인상적이었던 장면은 아이 혼자 무언가를 '완성해가는 과정'에서의 엄마의 태도였어요. 미국 엄마들은 대부분 아이가 실수해도 스스로 할 수 있도록 곁에서 지켜볼 뿐

인정 육아

특별한 개입이 없는 데 반해 한국 엄마의 손은 끊임없이 아이의 일을 돕고, 아이의 말을 막았으며, 아이가 하려는 행동의 의도를 예측해 먼저 해버리는 등 개입이 이어졌다는 거예요.

거기까지 시청하고 나니 어쩜 이렇게까지 상반된 결과가 나왔을까 궁금증이 나더군요. 타인의 눈에 비친 저의 행동이 과연 TV 속 한국 엄마와 얼마나 다를까에 대한 깊은 고민도 생겼습니다.

아이를 아끼고 사랑해서 도움을 주려던 마음과 행동이 아이의 자립심의 싹을 자르고 그 기회마저 박탈하는 행동이었다니, 한숨이 절로 나올 수밖에 없는 노릇입니다.

뒤처지면 안 된다는 불안감.

남들만큼은 해내야 한다는 압박감.

내 옆의 친구보다 더 잘해야 비로소 칭찬을 듣게 되는 무한 경쟁 시대.

듣는 아이도 말하는 부모도 남 탓을 하고, 사회적 분위기 속에서 불행을 느끼며, 두 손을 꼭 잡고서 비교의 늪에 빠져버리는 것이죠. 조금만 방심해도 곳곳에 비교할 거리가 넘쳐납니다. 우리가 비교하지 않고, 아이를 있는 그대로 바라보기 위해서 의도적인 노력을 끊임없이 해내야 하는 이유이기도 합니다.

아이들의 시간은 모두 다릅니다. 따뜻한 봄바람을 품은 벚나무가 그러하고 알록달록 곱게 물드는 단풍나무가 그러하죠. 같은 종의 나무라 해도 어떤 곳에 뿌리를 내리고 얼마만큼의 햇살과 바람 속에 자라느냐에 따라 그네들의 만개하는 시기도, 곱게 물드는 시간도 모두가 제각각입니다.

'너는 왜 늦어?', '너는 왜 빨라?' 탓할 것이 아니라, 있는 그대로 아이의 시간을 지켜볼 수 있는 눈과 마음을 가지는 일. 그것이면 충분합니다. 나의 이 변화된 선택 하나로 아이의 삶은 훨씬 더 행복해지고 설레며 자신을 더 사랑하는 마음을 키우게 된다는 걸 꼭 기억해주세요.

인정 육아

아이의 기질과 성향,
틀린 게 아니라 다른 것이다

'엄마'라는 새로운 역할이 생긴 저에게 육아서는 절대적인 존재였어요.

"아이의 성장 단계별로 이럴 때는 이렇다."
"이 시기에는 이렇게 된다."

책 덕분에 캄캄한 동굴 속에서 한 줄기 빛을 만난 듯 큰 힘을 얻었어요. 물론 부작용도 있었어요. 책에서 읽은 내용과 조금이라도 다르면 아이가 걱정되어 뜬눈으로 밤을 지새울 만큼 절대적으로 육아서에 의지했던 초보 엄마가 바로 저의 지난 모습입니다.
아이를 잘 키우고 싶다는 마음 하나로 어렵고 혼란스러웠던 그때의 저에게는 책대로 아이를 키우는 게 최선이었어요. 그리고 아이가 걸음마를 하고 말을 하고 자신의 감정을 온몸으로 표출하는 시기를 지나며 비로소 알게 되었죠. 아이는 저마다의 기질과 특성을 가지고 태어난다는 것을요.

대표적 성장 과정이란 것은 분명히 존재합니다. 덕분에 시기적절하게 아이를 돕고 이해할 수 있는 압도적 장점도 있고요. 다만 그것만 맹신하여 마지막 조각까지 정확히 맞춰야 하는 퍼즐처럼 아이가 자라길 원한다는 건 매우 위험한 발상일 수 있습니다.

아이는 그네들이 가진 제각각의 기준으로 바라봐야 합니다. 옆집 아이도 다르고요. 같은 배에서 나고 자란 첫째랑 둘째도 달라요. 하물며 같은 날 태어난 쌍둥이도 참 많이 다르잖아요. 이런 제각각이 가진 빛을 인정하자는 거예요.

그럼 그 기준은 어떻게 정하면 될까요?

부모라면 당연히 내 아이에 대해서는 다 알고 있다 생각하지만 의외로 자신의 기대와 사고의 기준에 따라 자녀의 행위를 판단하고 기억하는 경우가 일반적입니다. 주관적이고 선택적으로 기억이 완성되다 보니 임팩트가 강하지 않으면 쉽게 잊기도 하고요.

인정 육아

타인이 보는 내 아이의 모습과 전혀 다른 모습으로 아이를 인지하기도 합니다.

지금껏 두루뭉술한 눈으로 바라봤던 아이의 특성과 기질, 성향들을 오늘은 정확히 기록하는 시간을 가져볼까 합니다. 육아의 팔할이 기다림이라면 나머지 요소 중 대표적인 부분이 '아이를 제대로 이해하고 인정하는 것'이거든요.

지금부터 떠오르는 내 아이의 특성을 메모해보세요. 잘 떠오르지 않는다면 다음 보기를 참조해도 좋아요.

1. 아이의 성향을 '외향적/내향적/이성적/감정적'으로 나누어보고 상황에 대한 변화성을 확인해보세요.

   예시) 바깥 놀이 즐김, 무리 지어 노는 걸 좋아함, 집 놀이 즐김, 혼자 놀거나 소수 인원과의 놀이를 좋아함 등

2. '적극적/소극적/모범적/예민한/무던한'으로 추측해보는 아이의 특성은 무엇인가요?

3. 아이가 유독 민감하게 반응하는 것들은 무엇인가요?

   예시) 큰소리, 순서를 안 지키는 것, 대중 앞에서 대표로 이야기하는 일, 칭찬을 받지 못하는 상황 등

시간을 할애해 내 아이의 특성을 작성해보면 비로소 알게 됩

니다. 아이의 특성과 기질, 성향은 앞에 제시된 예시보다 더 다양한 단어들로 표현할 수 있다는 사실을요. 지금껏 유난스럽다고 생각했던 부분이 특히 그러한데, 다른 아이들과 다른 부분은 문제가 아닌 내 아이의 고유한 기질이라는 걸 안다는 것만으로도, 아이의 특성을 기록하는 과정은 부모에게 큰 수확이 됩니다.

이렇듯 틀림이 아닌 다름을 이해했다면 지금부터 모든 기준은 내 눈앞에 있는 아이로 잡아야 해요. 아이가 하나든 둘이든 셋이든. 아이의 기준은 아이 자신입니다. 첫째와 비교할 필요도 없고요. 다른 아이와 견줄 필요도 없습니다.

어떤 점이 더 좋고 나쁘다, 옳고 그르다고 판단할 수 없는 것이 기질과 성향이기에 아이가 가진 특성을 온전히 그 아이의 기준으로 잡으면 나와 내 아이의 20년을 제대로 보낼 수 있습니다.

"남자가 왜 이렇게 겁이 많니?"

"여자애가 왜 이렇게 목소리가 크니?"

"사내 녀석이 무슨 그림만 그리고 있어. 친구들이랑 공 차고 밖에서 놀아야지."

"여자답게 좀 얌전히 있을 수는 없니?"

부모가 무심코 내뱉은 말에 아이는 자신의 고유한 성향과 기질

인정 육아

을 나쁘게 인지하고 위축되어 자신의 진짜 모습을 숨겨버리는 일이 발생할 수 있어요.

남이 보기에 활동성이 강해 또래 아이보다 더 많이 뛰어놀고 급한 성격에 뭐든 해봐야지 성에 차는 여자아이는 '여자애가 왜 저렇게 별나지?'라는 말을 들었을 가능성이 커요. 그에 반해 초등학교 입학을 앞두고 있음에도 부모와 떨어져 있는 것을 두려워해 늘 안내의 시간이 필요했던 남자아이는 '왜 저렇게 겁이 많아?'라는 이야기를 들었을 수도 있고요.

그 어느 것도 나쁘거나 문제가 되는 단점은 아니라는 걸 꼭 기억하세요. 남자아이가 축구나 야구보다 그림 그리기와 같은 정적인 활동을 좋아할 수 있어요. 그런 아이는 섬세한 작업에 능숙하고 집중력이 뛰어난 장점이 있습니다.

여자아이가 공차기를 좋아하고 낯선 물건을 다룰 때나 낯선 장소에서 거침없이 행동할 수 있어요. 그런 아이는 체력이 좋고 호기심이 뛰어나 도전 정신이 강하고 다양한 성취를 맛볼 수 있는 장점이 있습니다.

아이가 어떤 기질을 가지고 태어난 것을 하나하나 내 탓으로 돌리고 아이 탓으로 돌리다 보면 육아의 질은 떨어질 수밖에 없어요.

'성별이 이러니 그럴 거야.'

'그 나이 때라서 저럴 수 있어.'

'이런 환경에서 자라서 저렇게 행동하는 거야.'

모든 탓에는 부모의 추측이 들어가 있어요. 그러다 추측에 기대가 동반되고, 기대가 생기면 실망이 생기기 마련입니다.

아이 역시 매 순간 고민하고 나의 모습을 찾기 위해 노력합니다. 부모가 무언가를 애써 만들어주려는 노력보다 아이 스스로 본인의 모습을 긍정으로 이끌 수 있도록 격려하고 도와주는 것, 그것이면 충분합니다.

육아에 정답은 없습니다. 아이가 가진 단점보다 장점에 시선을 두고 격려와 칭찬으로 함께하는 것. 그것만으로도 좋은 부모에 가까워질 수 있습니다.

인정 육아

아이의 행동에는
다 이유가 있다

아이가 초등학교 3학년 때의 일입니다. 열심히 문제집을 풀더니 갑자기 지우개로 다 지워버리는 거예요. 왜 그러냐고 물어보니 "더럽게 하기 싫어!"라고 아이가 말했습니다. 열 살 된 딸아이의 입에서 나온 말은 적잖이 충격이었어요.

아직 어린아이인데 어떻게 이런 말을 하지? 머리가 멍해지고 이성적 판단의 끈을 놓아버린 저는 눈물이 쏙 빠지도록 아이를 혼쭐냈습니다. 아이는 엄마의 화난 모습에 당황하고 어찌할 바를 몰라 울음을 터트렸습니다. 나쁜 말을 하면 안 된다고 일장 연설을 늘어놓고 난 뒤 제정신으로 돌아온 저는 아이에게 다시 물어봤습니다. 왜 그렇게 이야기했냐고요.

"문제집에 풀이 과정을 다 적어놓은 게 더러워 보여서 깨끗하게 하고 싶어서 지웠어."

눈물로 범벅이 된 아이를 가슴에 꼭 끌어안고 엄마가 잘못했다고, 엄마가 어른들이 하는 나쁜 말을 네가 한 거로 잘못 들었다고, 진심으로 미안하다고 사과했습니다.

"내가 진짜 깨끗하게 하고 싶었는데 엉엉."

억울한 마음, 서러운 마음이 폭발한 아이는 그렇게 한참이나 더 울음을 터트렸어요. 엄마가 다시는 그러지 않겠다고, 속상하게 해서 미안하다고, 무서운 표정을 짓고 큰소리로 혼을 내서 미안하다고 이야기하며 아이에게 용서를 빌었어요. 제가 쏟아낸 것에 비해 아이는 금세 엄마를 용서했습니다.

이 일은 저의 육아 인생에서 후회로 가슴을 쳤던 순간 중 다섯 손가락에 꼽힙니다. 아이는 말 그대로 깨끗하게 하고 싶어서 더럽게 하기 싫다고 이야기한 거였는데, 저는 어른의 사고방식으로 아이를 훈육한 거죠. 아이가 무슨 마음으로 그렇게 이야기했는지 알아보려고도 하지 않고 나쁜 말을 하는 아이를 따끔하게 훈육해 다시는 그러지 않게 해야 한다는 생각에 매몰되어버렸습니다. 부모로서 제 기준에 그런 말은 절대 수용이 불가했던 거죠.

부모에게 자녀는 약자입니다. 어릴수록 아이는 부모 없이 아무 것도 할 수 없는 존재고요. 자기를 슬프게 해도 아프게 해도 수용할 수밖에 없는, 선택권조차 없는 상태입니다. 그런 시기에 부모의 강압이나 좁은 허용 범위에서 자란 아이일수록 혼자 힘으로 나아갈 수 있는 10대 시기 이후에는 용수철처럼 부모에게서 튕겨나가려고 합니다. 스스로 혼자 할 수 있는 것이 많아질수록 부모에게 억지로 맞출 필요가 없다는 이유가 되니까요.

저는 아이가 어릴 때, 행동에는 이유가 있다는 걸 마음에 새긴 덕분에 사춘기를 지나던 어느 날 늦게 귀가한 아이를 의심하는 실수를 하지 않아 감동의 생일 케이크를 선물 받을 수 있었어요. 답답함보다는 아이가 해낼 수 있다는 믿음의 시선으로 바라본 결과 아이는 스스로 공부하고 시행착오를 겪으며 느리지만 단단하게 한 걸음 한 걸음 앞으로 나아갔습니다.

고사리같이 작은 손으로 엄마, 아빠를 위해 시원한 음료를 가져다주려다 쏟아 엉망이 된 주방을 마주했을 때, 사랑하는 마음을 전하고 싶어 삐뚤삐뚤한 글로 완성한 색색의 편지를 엄마 품에 안겨주다 새로 산 하얀 셔츠를 엉망으로 만들어버렸어도, 아이의 행동에는 다 이유가 있음을 기억하는 일. 그 마음을 온전히 아이에게 전해주세요.

물론 부모에게도 정말 귀하고 중요한 것이 있는데 화가 나는 걸 어떻게 무조건 참느냐고 물을 수 있어요. 참 쉽지 않지요. 그런데요. 우리가 살아온 유년기에도 그렇게 인정하고 이해하고 받아준 우리의 부모님이 존재해요. 그 덕분에 우리는 기억 속 어린 날 많은 시간 밝고 즐거우며 칭찬받는 아이였을 거예요.

부모의 너른 이해와 사랑 속에 아이는 마음껏 세상을 배워갑니다. 그 마음이 온전히 전해짐을 경험하며 아이는 자존감을 키우고 실수를 통해 성장합니다.

인정 육아

부모의 말,
아이에게 고스란히 남는 부모의 평가

부모가 되면 욕심쟁이가 됩니다. 남의 아이에게는 한없이 너그러운 존재이지만 내 아이에게는 쉽사리 요동치는 마음에 답답할 따름입니다. 하지만 이런 마음 역시 아이를 사랑하는 마음이라 생각하며 적당한 타협점을 찾아 받아들이게 되죠.

아이가 잘 크길 바라지 않는 부모는 없어요. 좋은 삶을 살아갈 수 있게 아낌없이 지원하고 좋다는 건 내 것을 아껴가며 내어주고 싶은 게 부모입니다.

우리는 지금부터 아이 마음에 부담이 아닌 평온하고 따뜻한 길로 향하는 이정표가 되어주려 합니다.

"누구보다 네가 노력한 걸 우리는 알아. 너는 분명 해낼 수 있을 거야."
"열심히 달리다 보면 힘들고 지칠 수 있어. 누구나 그렇단다. 충분히 쉬고 다시 시작해도 괜찮아."
"너는 분명 엄마, 아빠보다 더 멋진 어른이 될 거야."
"혼자 해내기 쉽지 않았을 텐데 포기하지 않고 최선을 다한 네가 자랑스러워."

인정 육아

마음은 응원받고 사랑받으며 서서히 자라납니다. 이 말들의 공통점은 아이 마음이 튼튼하고 올곧게 자랄 수 있게 돕는 지지대라는 것이에요. 아이를 믿어주는 부모의 마음은 말과 눈빛과 미소로 전해집니다.

부모의 칭찬을 낯간지러워하며 도망치듯 외면하는 아이도 마찬가지예요. 마음 깊은 곳에는 늘 부모의 시선이, 부모의 칭찬이 고픈 아이가 우리 곁에 있습니다. 작은 성취와 노력을 인정받음으로써 아이는 다음의 기대와 희망을 품습니다.

부모의
마음챙김

생애 초기, 자녀는 부모라는 환경을 만납니다. 부모의 목소리를 듣고 표정을 보고 부모가 마련해준 환경에서 자랍니다. 해를 더해갈수록 아이의 행동에 제재를 가하는 것도 부모이고, 자유롭게 탐색할 수 있도록 안내하는 것도 부모입니다. 위험 요소에 대한 파이가 큰 부모는 아이의 모든 행동에 부정적인 반응을 보일 것이고, 허용의 폭이 넓은 부모는 아이의 행동에 적극적인 지지를 보내게 됩니다.

아이의 성향과 기질에 따라 많은 경우의 수가 수정되지만, 어떤 행위가 강화되고 부정되는 경험의 반복 속에서 아이만이 가진 기질은 칭찬의 날개를 달고 훨훨 날기도 하고, 부정의 나락으로 떨어지기도 합니다. 이렇듯 어떤 기준을 가지고 아이를 바라보느냐에 따라 아이는 달라지고, 어떤 방식으로 아이를 키우겠다는 선택에 의해서도 아이 삶의 방향이 달라집니다.

Q. 부모가 줄 수 있는 첫 번째 사회, 즉 아이의 환경을 어떻게 완성해주면 좋을까요?

인정 육아

육아에 있어 나만의 기준을 정하는 일은 생각보다 중요합니다. 그 기준을 정한 나만의 이유가 꼭 있어야 하고요. 여기서 '육아의 기준'이란 ○○육아법을 똑같이 모방한다는 의미가 아니에요. 목적지를 모르는 상태로 무작정 나아가는 것보다 내가 생각하는 육아 가치관과 맞아떨어지는 육아 전문가 혹은 선배의 말, 그가 걸어간 길을 참고하며 나만의 육아 방향성을 잡아가는 것이지요.

Q. 하루에도 무수히 쏟아지는 정보와 타인이 아닌 내 아이가 기준이 되는 나만의 육아 기준을 작성해보세요.

(예시)

나는 아이와 대화할 때   합니다.

나는 아이의 새로운 도전에   하겠습니다.

5장

성장의 날개가 되는
거리두기

자녀를 믿고 그들의 결정을 존중하는 것이
진정한 사랑이다.

- 아리스토텔레스

아이를 향한
부모의 믿음이란

나는 내 아이를 얼마나 믿고 있는가?

부모에게 끊임없이 요구되는 질문입니다. 온전히 아이를 믿어야 아이가 성장한다는데, 이 녀석을 내가 어디까지 믿을 수 있을지 정하는 것은 어려운 숙제와 같습니다. 내 속으로 난 아이인데 믿지 못하는 마음이 들 때마다 밀려드는 죄책감은 부모에게도 지울 수 없는 상처가 됩니다.

부모가 아이를 불신하기 시작하는 시점은 "내가 그런 게 아니야!"라는 아이의 말을 들을 때부터입니다. 순간을 모면하려는 아이의 변명 혹은 거짓말에 '금방 들킬 거짓말을 왜 하지?'라는 의문을 가지게 되죠.

이 경험은 시도 때도 없이 아이가 하는 말에 의구심을 가지게 만드는 무의식의 뿌리가 됩니다. '애가 또 나를 속이려 드는구나' 하고 말이에요.

미운 네 살, 미운 일곱 살이라는 말이 절로 나오는 유아기. "네가 그러면 그렇지"라는 말이 일상화되면 아이는 부모의 기대에 부응하려는 노력을 멈춥니다. 아이 역시 나는 미운 나이니까 이렇게 행동해도 상관없다 학습하게 되는 것이죠.

사춘기 시기 역시 "네가 드디어 사춘기 값을 하는구나", "징글징글한 사춘기가 끝났으면 좋겠다", "사춘기에는 부모 자식 사이가 나쁜 게 정상"이라는 말은 아이의 잘못된 행동을 외면하게 만듭니다. 부모는 부정적인 관계를 개선하기보다 그 시기가 빨리 끝나기만을 바라는 태도로 일관하게 되지요.

흔히 우리는 타인에게 관심이 생기면 그 사람과 이야기를 나누기 위해 상대에 대해 파악합니다. 호감을 얻기 위함이기도 하고, 좋은 관계를 유지하기 위한 자연스러운 노력이지요.

그러나 안타깝게도 단순하면서도 당연한 일을 부모는 아이에게 적용하지 않습니다. 많은 부분 나와 아이를 동일시하기에 궁금하지 않기 때문이죠. 부모에게 아이는 한없이 부족하고 가르쳐

인정 육아

야만 하는 대상, 내게 절대적으로 의존하는 미약한 존재일 뿐입니다.

당연히 아이의 마음을 들여다보고 행동을 이해하기보다는 내 생각을 강요하고 내가 원하는 모습으로 성장하는 게 옳다고 판단하는 것이죠. 나의 가르침으로 좋은 가정이 완성되고 멋지고 훌륭한 아이로 자라게 할 수 있다는 믿음과 함께요.

성장하면 자연스럽게 좋은 습관이 생기고, 현명하게 판단하고 행동하며, 의젓한 말투를 사용하게 될 것이란 가정부터가 잘못됐다는 걸 미처 인식하지 못함에서 생겨나는 착각의 바다. 결국 나와 아이의 눈높이가 같아졌을 때는 무너진 관계와 걷잡을 수 없는 후회의 성적표를 받아 들게 됩니다.

구구절절 길게 부정적인 상황을 설명한 이유는 부모가 아이를 향해 믿는 마음을 가지는 것만큼 중요한 일은 없기 때문이에요.

아이를 온전히 믿는다는 건 도대체 어떤 마음에서 시작할 수 있을까?

꼬꼬마였던 아이가 홀로 걷기까지, 그 모습을 지켜보며 수도 없이 질문을 해봅니다.

아이가 멋대로 굴고 내 말에 반항하는 모습을 보인다면 의구심이 드는 건 너무도 당연한 일입니다. 단, 여기서 우리가 꼭 해야 할 일이 있어요. 내 기준으로 단정 짓고 멋대로 판단하는 것을 멈추는 일. 그리고 '이 아이가 도대체 왜 이러는 걸까?'라는 고민을 시작하는 일입니다.

이런 감정이 들 때 중요한 세 가지는
하나, 아이가 나를 괴롭히기 위해서 하는 행동이 아니라는 생각
둘, 아이의 행동에는 분명 긍정적 의도가 있을 것이라는 믿음
셋, 내가 가진 의구심을 해소할 수 있게 아이의 특성을 이해하는 일입니다.

이렇게 내 생각의 방향을 변화시키면 많은 것이 달라집니다.

모르기에 실수할 수 있음을 인정하게 되고, 전후 상황을 살펴 아이의 '잘 해내고 싶은 마음'과 '돕고자 한 의도'를 보기 시작합니다.

쳇바퀴처럼 돌아가는 삶에서 '흔들리는(갈대 같은) 부모의 마음'을 단단히 하려면 불신을 세우지 않고 아이의 시기별 특성을 이해하며 그들의 행동이 건강하게 자라는 중임을 알아야 합니다.

'아이 탓'을 하지 않고 올바른 시선으로 바라보고 아이에 대한 이해가 선행되면, 아이를 향한 존중과 믿음의 계단에 비로소 올라서게 됩니다.

인정 육아

이해하고 인정하는 마음을 담은 부모의 눈빛은 고스란히 아이에게 전해집니다. 많은 행동이 좀 더 이롭고 선한 의미를 담은, 믿는 만큼 성장하는 아이로의 출발점은 바로 지금부터입니다.

아이의 반항은
자립의 표현

어느 날 갑자기, 아이가 내 말에 토를 답니다. 스펙트럼에서의 주요 색상인 빨강, 주황, 노랑, 초록, 파랑, 보라 중 하나로 언제든 명명 가능했던 아이가 각 색상 사이의 셀 수 없이 많은 음영을 내기 시작합니다.

세상에 같은 사람은 어디에도 없어요. 똑같은 부모도, 똑같은 아이도 없고요. 같은 부모 아래 자란 아이들도 가족이라 표현하기

인정 육아

에는 믿기 어려운 모습을 합니다. 당연하게도 부모는 자녀의 미래
는 물론 당장 몇 달 뒤의 모습조차 예측할 수 없어요.

큰소리치며 자신했던 육아는 예기치 못한 상황이 빈번하고, 한
없이 작아진 부모의 마음을 곳곳에서 파고들며 '내 육아는 잘못되
었다' 인정하기를 종용합니다.

'내가 과연 부모 노릇을 제대로 할 수 있을까?'
'나 때문에 아이가 잘못 자라게 되면 어쩌지?'
'내가 부모라서 이 아이의 발목을 잡게 되는 건 아닐까?'

내면을 비집고 들어온 불안함에 기인한 속삭임은 정해진 답이
절대적임을 과시하며 시대가 이끄는 대로 홀린 듯 따라가게 합
니다.

기준이 타인에게 있으니 아이를 부모 마음대로 끌고 가거나 반
대로 부모가 아이에게 끌려가며 소황자의 면모를 뽐내는 아이가
탄생하는 건 당연한 결과겠죠. 이 지점에 이르면 부모와 자녀의
관계가 건강하기 힘듭니다. 함께 공존하긴 하지만 불신이 생겨 감
정의 골이 생기기 시작하기 때문이에요.

부정적인 부분만 나열하는 것 같지만 많은 가정에서 유아기부
터 비슷한 상황이 반복되다 아이의 학령기에 이르러서 더는 손쓸

수 없는 상황에 고통받는 경우가 심심찮게 발생합니다. 모두가 좋다는 것을 따라왔고 분명 수많은 순간에 옳게 판단했다 믿어왔는데 이런 결과를 받아들이기란 쉬운 일이 아닙니다.

어떻게 하면 내가 원하는 방향으로, 좀 더 나은 결과를 만들 수 있을까?

분명한 사실은 타인에게 맞춰진 기준들을 모두 버리고
온전히 부모와 아이가 함께 생각하고 질문하고
시행착오를 겪어야 한다는 것입니다.

그러기 위해서는 아이가 무언가를 하려는 순간에 자신의 의지대로 나아갈 수 있도록 든든한 지지자가 되어야 합니다. 가는 길에 걱정이 밀려들 수 있겠지만 기다리는 시간이 확보되면 진짜 내 아이의 모습이 보입니다.

아이를 하나의 색으로 명명하기 어려운 이유는 아이에게 내가 알고 있는 수백 가지의 색 중 하나를 지정해도 결국 미세하게 다른 빛을 품기 때문이에요. 아이가 가진 빛을 믿고 지켜보세요.

모르는 것은 친절히 안내해주세요. 아이이기에 실수할 수 있음을 인정해주세요. 실수한 일의 다음은 더 나은 결과로 이어집니

인정 육아

다. 부모의 품에 안기는 시기에 마음껏 실수하고 시행착오를 겪도록 해주세요.

스스로 해보고 싶다는 감정을 아이가 평생 내보일 것 같은가요?

아쉽게도 아이의 이 의지는 그리 긴 시간 동안 이어지지 못합니다. 세상에 타협하고 두려움을 배워버리면 아이의 도전 횟수는 기하급수적으로 줄어들 테니까요.

반항하는 것처럼 보이는 지금이 아이의 의지가 세상에 한 뼘 가까워지는 시간입니다. 온전한 인격체로 자라기 위한 필수적인 미션과 같은 거예요. 내가 '하지 마라' 제재를 가한다고 달라지지는 않을 거예요.

넘치는 꿈에 수다쟁이 같은 아이의 시간을 잡으세요. 허무맹랑한 아이의 이야기에 귀 기울이세요. 어떤 어른이 되고 싶은지 치열하게 고민하는 아이의 고민에 공감해주세요. 말도 안 되는 소리여도 부모에게 내어 보이는 아이의 내일을 경청해주세요.

지금은 아이의 반항심에 분노할 때가 아닌, 충분히 아이 혼자설 수 있다는 믿음이 필요한 때입니다.

해보지도 않고 어떻게 그 정도를 가늠할 수 있을까요?

해봐야 압니다.

아이도, 부모도 마찬가지입니다.

오늘도 우리는 아이 덕분에 부모의 역할을 하나 더 배워나갑니다.

인정 육아

내 아이를 살리는
적당한 거리두기

철학자이자 발달 심리학자인 장 피아제Jean Piaget는 아이들의 인지 발달을 연구하며 아이가 고유한 속도로 배우고 성장한다는 사실을 거듭 강조했습니다. 그러기에 부모가 아이의 발달 단계를 존중하고, 그들이 탐구하고 학습할 수 있는 환경을 제공해야 한다고 했습니다.

"아이들이 스스로 발견할 수 있는 것을 미리 가르칠 때마다 아이는 그것을 발명할 기회를 잃게 되고, 따라서 완전히 이해하는 것도 방해받게 됩니다."

회사에서 선배가 후배를 가르치는 일의 경우, 동일 업무에는 정해진 메뉴얼이 있고 기준을 벗어나면 바로 문제가 발생하니 똑같이 잘 배워야 실수하지 않습니다.

국어, 영어, 수학, 사회, 과학 등 교과 영역도 정해진 답을 알아야 합니다. 상위 문제를 풀기 위해서는 그에 걸맞게 활용할 수 있는 식을 암기해야 하고, 정확한 개념을 이해하고 출제자가 원하는 답을 작성해야 합니다. 이전 시험의 족보가 필요할 때도 있고, 핵심 정리가 요약된 비법 노트가 등급을 판가름하기도 합니다. 학습에 투자한 시간과 수업 시간의 집중력, 자신에게 맞는 공부법을 빠르게 터득할수록 좋은 성과를 내는 것 역시 당연한 결과입니다.

이처럼 흩어진 퍼즐을 맞춰나가듯 정답이 정해져 있는 문제는 시간이 소요될지언정 언젠가는 해결되는 일이에요. 그에 반해 아이를 키워내는 일은 일련의 기본적인 방식이 100% 적중하질 않다는 점에 집중해야 합니다.

저마다 기질과 성향이 다르고 살아가는 환경이 다른 것은 당연하고요. 부모의 가치관과 가족과의 관계 형성 역시 판이한 삶을 살게 되는 요소로 작용합니다. **무엇보다 아이가 습득해야 할 필수적 요소들은 부모가 아이와 거리를 두는 시간에 완성된다는 것! 이것이 바로 우리가 기억해야 할 핵심입니다.**

삶을 살아가며 타인의 도움이 절실하게 필요한 경우는 분명히

인정 육아

존재합니다. 영, 유아기는 당연하고요. 미성년자인 아이는 부모의 보호 아래 삶을 이어가야 합니다. 올바른 태도를 배우고, 행동을 배우고, 말씨를 배우는 것도 부모에게 상당 부분 영향을 받게 되고요.

그중 우리가 관심 있게 봐야 할 부분은 일상에서 습득하는 활동 영역입니다. 여러 번 실수를 거듭하며 자신의 것으로 온전히 몸에 익혀야 하는 일들이 바로 그것인데요. 밥을 흘리고 먹는다고 언제까지 부모가 밥을 먹여줄 수 없고, 혼자 신발을 신을 수 없다 해서 부모가 평생 신발을 신겨줄 수 없는 노릇입니다.

물론 어리고 근육이 발달하지 않은 아이를 위해 도움을 주는 건 당연해요. 꼭 도와야 하는 일은 분명히 존재하고, 부모는 아이가 난처하지 않게 손을 내밀어야 하고요.

'내 아이를 살리는 적당한 거리두기'에서 집중해 유의해야 하는 부분은 노파심에서 나오는 행동입니다. 충분히 해낼 수 있다는 걸 알고 있음에도 타인의 시선을 의식해 행하는 일과 어른의 일정에 맞춰 대부분의 기회를 차단하는 경우지요.

유아기부터 초등 저학년 아이는 부모와 많은 시간을 함께합니다. 자연히 부모의 인간관계가 곧 아이의 인간관계로 확장되지요. 이런 집단에서는 부모들, 아이들 사이에 보이지 않는 경쟁 구도가 형성돼요. 무리가 정한 정답이 기준이 되고 그들 중 발달이 빠른 아이를 동경하고 칭찬하며 내 아이의 일거수일투족이 감시의 대상이 됩니다. 부족한 부분이 시선에 들어오면 부모는 아이를 재촉하고 직접 상황에 뛰어들어 해결사를 자청합니다. 아이의 뒤처짐이 곧 부모의 자존심에 상처를 낸다 느끼기 때문이죠.

자녀가 생후 0개월부터 열 살까지는 부모도 많은 부분 서툴 수 있어요. 같은 연령의 아이를 키우며 정보를 나누고 위로받는 것은 건강하게 육아를 할 수 있는 귀한 기회의 장이기도 하죠. 이 시기는 생애 어느 때보다 개인차가 두드러지는 시기입니다. 같은 나이지만 개월에 따른 차이가 압도적으로 다르고 성별과 기질적인 부분에 의해 작게는 몇 개월, 많게는 1, 2년 이상의 발달 차이를 보이기도 합니다.

내 아이의 기질과 성향을 초기에 제대로 이해하면 무리 속에서 아이는 더 많이 배우고 소통하는 방법을 익히게 됩니다. 청소년기의 뿌리가 되는 유연한 사고방식을 키울 수 있는 절호의 기회인 만큼 아이의 작은 사회를 인정하고 믿고 맡겨주는 일은 중요합니다.

부모의 개입이 필요한 순간은 적절히 대응하되 남의 눈에 비

인정 육아

칠 아이의 능력이 걱정되는 일에는 못 본 척 외면해보세요. 남보다 빠르게 해낼 수 있다면 순간의 자랑이 될지언정 아이의 삶에는 1%의 영향도 주지 않습니다.

하지만 천천히 스스로 해낼 기회를 얻어낸 시간은 아이의 삶을 분명히 더 멋지고 빛나게 하는 계기와 이유가 됩니다. 스스로 해내는 아이의 눈빛과 표정에 그 정답이 숨어 있는 것처럼 말이에요. 성취감에 감탄사를 터뜨리는 아이의 모습. 그 속에 아이의 자존감의 뿌리가 담기게 됩니다.

여러분이 만들어주고 싶은 아이의 자존감의 화분은
어떤 크기에 어떤 모양인가요?

내가 개입하지 않고 격려와 지지를 보낸 시간 속에서 아이의 단단한 뿌리가 완성된다는 것만 기억하면 됩니다. 아이의 표정과 반짝이는 눈빛을 가슴에 담게 되면 먼저 나서서 돕고 개입하는 횟수가 줄어듭니다. 지금 우리에게 필요한 것은, 바로 사랑을 가득 담은 눈길이면 충분하니까요.

부모의 개입은
약이고 독이다

　중, 고등학생 아이가 혼자서 주변을 정리하지 못하고, 책임감 없이 행동하며, 타인을 배려하지 않는 행동을 보이면 부모는 당혹스럽습니다. 어른의 사고에는 아이가 적당한 나이가 되면 당연히 해낼 거라는 기준이 자리 잡고 있기 때문인데요. 이런 행동을 보이는 아이들의 공통점은 과거 스스로 해내고 싶다고 주장했던 순간을 부모가 외면하고, 부모가 이끄는 대로 자랐다는 것이에요.

　세월이 흐른 만큼 부모는 많은 부분을 망각합니다. 부족함 없이 키웠는데 '얘는 왜 이럴까?'라는 의문을 가지기도 하고요. 스스로 잘하는 아이로 키우기 위한 필수 요소를 모조리 실천했는데도 자립심이라고는 눈곱만큼도 없는 아이가 창피하고 한심해 끊임없

　　　　　　　　　　　　　　　　　　　　　인정 육아

이 지적합니다. '과연 누구의 탓일까?' 혼란스럽기 그지없는 상황이지요.

잘잘못을 가리자는 게 아닙니다. 시기적절하게 부모가 개입해야 하는 일과 그렇지 않은 일에 대한 기준을 명확히 하는 것이 아이의 삶에 바른 목표점을 설정한다는 사실을 확인하자는 거죠.

청소년기 자녀에게 나도 모르게 개입하는 일에 대해 정리했습니다. 부담 없이 체크리스트를 작성해보세요.

나는	예	아니오
아이의 숙제 진행 여부를 확인한다.		
아이에게 학원 시간을 계속해서 고지한다.		
아이의 준비물을 알아서 준비해놓는다.		
아이 등교 시간의 주체가 된다.		
아이가 원하지 않아도 아이의 옷과 신발 등을 지적한다.		
아이와 친구의 약속을 주도적으로 정하고 실행한다.		
아이가 학교에 제출할 과제를 나서서 도와준다.		
아이에게 질문하고, 그에 대한 답변도 한다.		
아이의 외출에 장소, 이동시간, 교통수단 등의 컨트롤타워가 된다.		
아이와 형제 간의 갈등, 친구 간의 소통에 주체가 된다.		

모든 항목에 '예'라고 체크했다면 아이는 얼마의 개입에 노출된 것일까요? 도움이 되는 좋은 부모라는 자기애에 도취되어 인식하지 못한 순간에도 부모는 아이의 삶에 깊이 간섭 중입니다.

앞의 체크리스트를 참고해 앞으로 어떤 방식으로 아이를 향한 개입을 줄일지에 대해 생각하면 이해하기 쉽습니다. 그래도 판단이 모호하다면, 부모로서 개입과 교육의 기준을 사전에 마련해두면 실수를 줄일 수 있습니다.

단, 부모의 개입을 줄이는 데 필수 조건은 아이의 안전이 보장된 상태입니다. 아이가 위험하거나 명백히 문제가 예측되는 상황이라면 고민 없이 부모가 우선 개입해야 한다는 점을 기억하세요. 미성년인 자녀를 보호하고 성인으로 건강히 성장하게 돕는 것이 부모의 의무이기 때문입니다.

아이의 판단은 2순위로 미루고 부모의 결정이 1순위가 되어 아이에게 정신적, 물리적인 영향을 주는 것을 개입이라 정리합니다. 아이의 처음을 옳은 방향으로 지도하고 교육하며 필요한 도움을 주거나 질문에 답하는 것은 미성년인 자녀를 둔 부모의 의무입니다.

하지만 나의 말로 인해 아이의 판단, 결정, 감정에 부정적인 변화가 발생할 수 있는 일은 개입이니 최소한으로 줄이는 것이 좋습니다.

나의 말과 행동에 따라 아이의 내일이 달라집니다.

스스로 선택할 수 없는 아이가 되길 바라는 부모는 어디에도 없을 거예요. 지속적인 개입은 자기 의지를 무력화시키는 가장 빠른 길입니다. 아이의 감정이 이해되지 않을 때는 부모 스스로 자신을 이 말과 상황에 대입해보면 쉬워져요. 나는 어떨 때 무력해지는지, 나는 어떤 말에 흔들리고 의존성이 높아지는지 말이에요.

누구나 스스로 선택한 일이 목표에 도달했을 때
비로소 성취감을 얻게 됩니다.
유아기에도, 아동기에도, 청소년기에도.
시기별 아이에게 적합한 도전 과제는 항시 주변에 존재합니다.
그리고 그 어느 때보다 아이에 대한 개입을 최소한으로
줄여야 하는 시기는 청소년기입니다.

혼자서 충분히 할 수 있는 일이라는 걸 확인했음에도 노파심이라는 무기로 습관적 지시와 지적을 한다면 당장 멈춰야 해요. 혼자 하겠다는 아이가 불안하면 솔직하게 아이에게 내 생각을 전하세요. 부정어가 아닌 나의 감정을 전달하는 것이 핵심입니다.

"네가 알아서 잘할텐데 처음이라 엄마(아빠)가 걱정이 많네."

내 말 한마디에 아이의 선택이 좌지우지되고 나의 부정적인 말 한마디에 아이가 행동을 멈추고 하고 싶은 일을 중단하게 되지 않도록 혼자서 충분히 해낼 수 있는 일을 아이 몫으로 남겨주는 일. 스스로 해내는 경험을 매일 조금씩 더해가며 단단하게 성장할 우리 아이를 응원해주는 오늘이 되었으면 좋겠습니다.

인정 육아

부모의 믿음 속에서
용기 내는 아이들

여러분은 부모가 아이에게 미치는 영향력이 얼마라고 생각하나요?

아이가 어리면 어릴수록, 또 성장하면 성장할수록, 내가 모르는 순간에도 우리는 아이에게 의도하든 그렇지 않든 수많은 영향력을 행사하며 하루를 보내고 있습니다.

종일을 같은 공간에서 시간을 보내는 영아기부터 한밤중에나 마주하게 되는 청소년기까지. 그만큼 밀착된 부모와 자녀 사이의 관계가 언제나 고민거리이자 해결해야 하는 문제로 인식되는 건 어쩌면 당연한 결과일 겁니다.

가정이 아닌 무조건으로 부모의 마음과 아이의 마음이 같아진다면 여러분은 아이에게 어떤 마음이 닿길 바라나요?

제가 이 질문을 받게 된다면, 1초의 고민도 없이 '행복하고 긍정적인 기운이 닿길 바란다'라고 얘기할 거예요. 삶에서 긍정적인 사고는 '잘 살아가는 비법'과 같음을 알기 때문입니다.

제 삶이 그러했기에 아이 역시 그러리라는 확신이 더욱 있는지도 모르겠습니다.

제 어머니는 불편한 상황도 유연한 태도로, 아쉬운 결과에도 좋은 이유를 찾는 분입니다. "~해서 다행이야"라는 말을 덧붙이는 일이 많고, 눈앞에 원치 않은 결과를 마주해도 어떻게 하면 더 좋은 방법으로 전환할 수 있을까를 고민하죠.

"할 수 없어", "어쩔 수 없어"라는 말은 입 밖으로 뱉지 않는다는 걸 어머니의 말을 곱씹어보며 문득 알게 되었어요. 그런 모습을 지켜보며 '어떻게 저럴 수 있을까?', '나는 도저히 불가한 일이야'라는 생각이 지배적임과 동시에 '나도 내 아이에게 그런 부모가 되고 싶다'라는 결심을 하게 된 것 같아요. 덕분에 어머니에 비할 수는 없겠지만 무의식의 순간이 아니면 최대한 긍정적으로 반응하는 사람이 되기 위해 지금도 애쓰는 중입니다.

솔직히 우린 아이들이 어린 시절에 더 조심하고 실수가 적어요.

어리기에 더 유의하고 좋은 경험, 좋은 말에 더 신경을 곤두세우죠. 아이가 자라고 덩치가 나만 해지면, 말도 행동도 '안내'보다는 '가르침'에 매몰되어 뻔한 말들을 늘어놓는 나를 쉽게 마주합니다.

좋은 선택을 했으면 하는 마음에.
자기가 원하는 진로를 찾았으면 하는 바람에.
불평, 불만보다는 좋은 말을 통해 좋은 에너지를 키웠으면 하는 기대에.

자기계발서에서나 나올 법한 꼰대식 지적을 시작해요. 옳은 방향, 옳은 방법을 늘어놓으며 '오늘 내 말이 정말 주옥같다' 자기도취에 빠질 때쯤 아이의 싸늘해진 표정에 정신을 차리죠.
부모의 긍정의 말 한마디에 아이는 용기를 내고 다시 시작할 수 있다는 걸 고새 또 잊어버리고 말아요. "괜찮아"라는 한마디면 되는 일인데 속상한 아이 마음에 불씨를 지피고 부채질을 해버리곤 합니다.

아이에게 속상한 마음을 다시 확인시키는 건 상처만 될 뿐 개선 방향이 아니에요. 불길한 예감을 표현하는 건 노파심이 아닌 불운한 기운의 서막일 뿐이고요.

걱정스러운 부모의 표정은 아이에게 별거 아닌 일을 문제로 인식하게 합니다. 시작도 안 했는데 패배한 느낌을 경험하게 되는 일이나 마찬가지입니다.

우리는 아이의 속상한 감정에 공감하고, 어떻게 하면 되는지에 대한 가능성을 바라봐야 합니다. 부모가 전하는 "괜찮아"라는 말 한마디에 아이는 위안을 얻고, 백 마디 말보다 잠시 쉬어갈 수 있도록 두 팔 벌려 안아주는 부모의 품이 필요합니다.

잘 해내고 싶고, 멋진 모습을 보이고 싶은 우리 아이의 마음을 알아주세요. 마음처럼 안되니 창피하고 면목이 서지 않는 거예요. 그래서 지금 아이는 자신의 선택을 지지하고 응원해주는 부모의 목소리가 절실합니다.

"노력하는 네 모습이 너무 기특해."

"포기하지 않고 끝까지 해내는 모습이 자랑스러워."

"첫 도전인데 이만큼 해내다니 대단해! 다음번에는 더 잘할 수 있겠다."

아이에게 부모의 지지는 비록 어리고 작은 존재이지만 나 스스로 해낼 수 있다는 자기 믿음의 초석이 됩니다. **부모의 신뢰는 세**

인정 육아

상에 대한 두려움보다는 도전하는 마음을 갖게 합니다. 부모의 믿음은 실수하더라도 스스로 할 수 있는 것에 대해 고민하고 행동으로 이어갈 수 있는 용기를 키워줍니다. 부모의 응원은 내일의 나를 기대하는 마음으로 이어집니다.

한발 물러서서
바라보기의 진짜 의미

한발 물러서서 바라보기란 부모에게 고문과도 같아요.

도와주고 싶은 마음이 굴뚝 같은걸요.

부모가 얼마나 아이를 사랑하는지 보여줄 수 있는 절호의 기회잖아요.

아이를 방치하는 듯 보이는 어른이 되기 싫어요.

친절하고 좋은 부모가 되려고 얼마나 노력하는데요.

좋은 습관을 들여주기 위해서 거쳐야 하는 과정이 너무 힘들어요.

남들의 시선도 불편하고요.

그래도 '좋은 부모'라는 이미지만은 포기할 수가 없습니다.

인정 육아

부모라는 이름이 가진 수천 가지의 모습 중 내가 이상적으로 생각하는 모습은 분명히 존재합니다. 그 모습은 저마다의 기질이 제각각이듯 천차만별이고요.

이번 장에서 전하고 싶은 핵심 메시지는 다음과 같습니다. 부모의 기다림은 아이가 자신이 선택한 대상에 책임감을 기르는 데 도움이 된다는 것. 아이는 실패하더라도 다시 한번 도전하며 스스로 할 수 있다는 자신감을 얻는다는 것.

그럼 한발 물러서서 바라보기란 정확히 어떤 의미이고 어떻게 실천하는 게 좋은 방법일까요?

이에 대한 고민을 해야 합니다.

아이에게는 자기만의 의지를 표출하는 행위가 도드라지는 시기가 있어요. 그 첫 번째는 생후 18개월 전후로 무엇이든 자신이 중심이 되어 목소리를 높이는 시기입니다. 부모의 세세한 행동을 그냥 넘어가지 않고 자기 의지와 맞지 않을 시 울음을 터뜨리고 떼를 씁니다.

두 번째 시기는 36개월 전후입니다. 부정적인 감정을 배우게 되고 의문사를 끊임없이 터뜨리며 '할 수 있음'을 보여주는 시기입니다. 시기적 특징을 이해하지 못하면 부모의 시선에 마냥 버릇없고 고집스러운 말썽꾸러기 같은 이때 아이는 '스스로 하려는 의지' 와 해낼 수 있음에서 오는 '자신감'을 배우게 됩니다.

다시 말하지만 유아기 아이의 행동에는 즉각적인 개입보다 한 발 물러나 바라보는 일이 필요합니다. 아이를 키우다 보면 부모의 섣부른 개입으로 10분이면 끝날 일이 아이의 떼쓰기로 이어져 곱절이 넘는 시간을 지켜봐야 하는 일이 부지기수로 일어나거든요.

스스로 하려는 마음은
아이가 세상을 배워가고자 하는 의지입니다.

그 자유 의지가 가로막힘에서 오는 아이 나름의 치열한 몸부림 인 거죠.

부모의 지시로 인해 완성된 행동은 아무리 좋은 가르침이라도 쉽게 잊게 됩니다. 성장 이후 그와 유사한 상황을 마주하게 된다면 아이는 다 큰 어른이 되어도 부모의 도움 없이는 판단하지도 행복하지도 못하게 될 가능성이 지대합니다.

그럼 어떻게 아이를 기다려주는 것이 좋을까요? 마냥 아이를 그냥 두면 될까요?

인정 육아

아니요. 아이를 기다리고 바라보는 시간을 투자할 때는 '시선이 닿는 곳에서 기다려준다'가 전제 조건입니다. 아동기 이전의 아이에게는 부모의 존재 유무가 무척이나 중요하게 작용해요. 아이들의 성향과 개인차가 극명하게 나타나는 부분이기도 하고요.

"저리 가. 보지 마. 하지 마."
"내가 알아서 할 거야."

표면적으로 아이가 뱉어내는 말만 보면 아예 부모가 관여하거나 근처에 있는 걸 꺼린다고 느낄 수 있어요. 하지만 실상은 멀찍이 떨어져 있는 부모의 존재를 통해 아이는 안정감을 느끼고 마음껏 관찰과 놀이를 즐긴다는 거예요. 그럼 그 이후의 시기는 어떨까요?

아동기, 청소년기에 머무는 아이는 절대적으로 혼자서 해내는 시간이 필요합니다. 부모의 도움이 조금만 보태지면 쉬이 해결될 것이 넘치게 많지만 이때처럼 아이만의 방법과 이유를 찾기에 좋은 시기는 없습니다. 그러니 아이가 나에게 도움을 요청할 때까지 기다리고 지켜봅니다.

부모의 기다림은 아이가 자신이 선택한 것에 책임감을 기르게 합니다. 아이는 실패하더라도 다시 한번 도전하며 스스로 할 수 있다는 자존감이 바탕이 된 자신감을 얻습니다. 이는 사춘기 이후에는 더욱 중요한 요소입니다. 자립심에 강력한 의지가 가감 없이 표출되는 것은 아이 삶에 중요한 과업이기 때문입니다.

어디로 튈지 모를 아이의 감정을 너그러이 보아주는 일.

혼자 시간을 존중하고, 불만을 들어주는 일.

꼬치꼬치 캐묻지 않는 것이 아이가 잘 클 수 있도록 도와주는 길입니다.

아이가 스스로 선택하고 자신의 내면의 힘을 활용할 수 있도록 관심과 존중의 마음으로, 현명한 부모의 언어로 자립심을 불어넣어주면 그것으로 충분합니다.

인정 육아

부모의 말,
네가 나의 딸(아들)이라서 행복해

부모가 전하는 말은 아이를 다시 일어서게 합니다.
어떤 욕심도 바람도 내려놓은 진심을 담은 말.

"엄마 딸(아들)로 태어나줘서 고마워."
"아빠는 우리 딸(아들)의 부모가 되어 너무 기뻐."
"엄마는 딸(아들) 덕분에 좋은 어른이 되어가는 것 같아."
"네가 아빠 딸(아들)이라서 행복해."
"우리는 언제나 너를 사랑한단다."

아무 조건 없이 아이를 향한 진심 어린 기쁨의 표현은 아이가 '나의 존재 의미'를 인식하게 되는 좋은 경험입니다.
혼자서 할 수 있는 일이 많지 않고 눈앞의 다른 이보다 턱없이 부족하게 느껴져도, 부모의 말에 아이는 '나는 존재만으로도 가치 있는 사람'이라는 걸 배우게 됩니다.

아이가 잠들기 전 혹은 잠이 든 직후 위의 말을 아이의 귓가에 조용히 전해주세요.

인정 육아

잠든 직후는 비렘수면 상태입니다. 외부 자극에 비교적 민감한 상태이며, 주변 소리가 들릴 수 있고 심한 소음 등에는 잠을 깰 수 있는 단계지요. 그때 큰소리가 아닌 자장가와 같이 나지막이 전해주는 부모의 목소리는 기분 좋은 수면의 윤활유가 됩니다.

부모의
마음챙김

부모라는 이름을 갖게 되면 자꾸만 거창한 것에 매료됩니다. 내 어릴 적 바람이 불쑥 튀어나오고, 오랜 시간 이상적으로 그려왔던 모습에 집착도 생기죠. 마음처럼 되지 않아 안절부절 동동거리던 부모는 육아의 시간을 쌓으며 비로소 그 민낯을 마주합니다. 거창한 것보다는 사소한 순간이 나와 아이의 관계를 어긋나게 만들고, 반대로 더욱 돈독하게 만들고 있다는 사실을 깨닫게 되거든요.

1년 365일 24시간 아이와 붙어 있는 것이 좋은 부모의 요건이 아니라는 사실에 안도하고 기뻐합시다. 종일 곁에 머물지 못해도 일상의 짧은 순간을 함께 잘 보내는 게 중요하다니 얼마나 다행인가요. 긍정으로 단단히 무장한 '찰나의 성'을 쌓아갈 나의 이야기를 지금부터 떠올려보세요.

Q. 사소한 일상의 이야기를 환영합니다. 아이의 관심사와 기질, 특성에 맞는 칭찬이면 충분합니다. 나의 진심 어린 긍정적 피드백이 아이에게 '나 자신을 믿는 마음'의 새싹이 된다면 오늘 어떤 말을 전하고 싶은가요?

인정 육아

Q. 부모와 자녀가 완성하는 관계는 시간의 양보다 밀도와 깊이가 중요합니다. 평일과 주말 온전히 아이의 이야기에 집중할 수 있는 시간은 얼마나 되나요? 식사 시간을 제외하고 아이에게 집중할 수 있는 시간을 써보세요. 하루 10분, 하루 30분이어도 괜찮습니다.

Q. 내가 적은 시간만큼은 아이의 이야기에 온전히 집중합니다. 가능한 시간과 날을 기록해두고, 만약 그보다 더 적은 시간을 집중하거나 또는 온전히 집중할 수 없다면 그 이유가 무엇인지를 확인합니다.

6장

내 아이를
제대로 보는 눈

아이의 잠재력을 발견하는 것은
그들을 우리 방식으로 바꾸는 것이 아니라,
그들 안에 이미 존재하는 가능성을 보게 하는 일이다.

- 존 듀이

부정이 아닌
인정

"내 아이가 그럴 리가 없어요."

"원래 그런 아이가 아닌데…."

"평소에는 잘하는데 요즘 부쩍 예민해서 그래요."

부모가 되어 이런 이야기를 하는 분들을 보면 솔직히 이해되지 않았던 순간이 많았어요. 순전히 변명만 늘어놓는 모습이 비겁해 보이기도 했고요. 한데 어느 날 제가 이런 말을 하고 있었어요. "원래 그런 아이가 아닌데 지난달부터 부쩍 예민해져서 스마트폰 사용 시간이 많아졌네요"라고 말이에요.

제 입장에서는 진실을 전하는 중임에도 상대방은 예전의 나와 같은 생각을 할지도 모른다는 생각이 들더군요. 대화가 끝나고 나니 상담을 잘 마쳤다는 생각보다는 괜히 비겁한 변명만 늘어놓는 부모가 된 것 같아 기분이 썩 좋지 않았어요.

아이는 저마다의 빛을 내며 오늘은 진한 레드였다가 내일은 티 없이 맑은 블루가 됩니다. 어떤 모습이 정답이라 단정 지을 수 없는 자신만의 개성을 가진 인격체이니 너무도 당연한 일입니다.

원론적으로는 잘 아는 사실이지만 우리는 과연 몇 퍼센트나 이 말에 공감할까요? 옆집 아이의 일에는 넘치게 너그럽고 좋은 사람이지만 내 아이에겐 매몰차고 핵폭탄급의 잔소리를 쏟아대는 흔한 부모의 모습이 우리의 현실이니 말이에요.

누구나 우아한 육아를 꿈꿉니다. 내 아이만큼은 잘 키우고 싶은 바람도 넘쳐나고요. 계획대로 모든 일이 잘 흘러가면 좋겠지만 현실의 벽은 녹록지 않습니다. 상상했던 이상적인 모습은 도통 찾아볼 수 없는 내 아이의 일상이 자꾸만 현실을 부정하게 만들고, 답답한 마음을 안겨줍니다.

타인을 나에게 맞추려는 것만큼 어리석은 생각은 없다는 걸 우리는 이미 너무 잘 알고 있어요. 그런데 왜 이다지 우리 아이만큼은 포기하지 못하고 내가 목표한 방향대로 커가기를 원할까요?

인정 육아

부모라서 그렇습니다.

내 아이가 잘되길 바라는 마음, 좋은 미래를 살아가기 간절히 바라는 마음. 누구보다 행복하고 많은 것을 누리며 살아가기 바라기 때문에 부모는 '너를 위한 조언'이라는 잘 포장된 마음을 앞세워 내가 갖지 못한 것, 내가 바라던 것, 혹은 내가 이뤄놓은 만큼 편안한 삶을 아이에게 강요합니다.

이 마음을 절대 부정할 수 없어요. 저도 같은 마음인 걸요. 내 아이가 잘되는 건 부모의 행복이고, 내가 부모라는 타이틀을 얻음으로써 이뤄야 할 과업이 되니까요. 하지만 만약 나의 고집에 갇혀 더 소중한 걸 놓치고 있다면 잠시 멈춰 생각해봅시다.

첫 장에서 살펴봤듯이 부모 역시 제각각의 색을 가지고 있습니다. 어떤 한 가지 색으로 단정하기 어려울 만큼 삶의 시간을 더하며 다양한 색으로 조금씩 물들어가는 상태입니다. 그럼 과거 부모의 유년기보다 더 스펙터클하고 다양한 정보 속에서 살아가는 아이들의 색은 어떨까요?

단언컨대, 우리가 예상조차 할 수 없는 색으로 아이들의 삶은 완성됩니다. 여섯 가지 기본 색 사이 셀 수 없을 만큼 많은 색이 스펙트럼에 존재하는 것처럼 아이의 미래는 더욱 다양하고 촘촘하게 나눠집니다. 부모의 기준에서 예측이 아예 불가능한 미래를 살 거예요.

이런 아이의 모습을 틀렸다 부정한들 달라지는 건 없습니다. 아무리 지금의 모습을 부정해도 결국 삶의 매순간 선택을 하며 살아갈 주체는 아이 자신이니까요.

그럼 이제부터 어떻게 하면 좋을까요? 내가 미처 몰랐던 진실. 부정하지 말고 긍정해야 할 것들에 대한 사고를 지금부터 비틀어 봅시다.

부정의 반대말은 긍정이 아닌 인정이라고 말이에요.
"그렇구나."
"그럴 수 있겠구나."
아니라고 말하는 게 아니라 인정하는 것부터 시작입니다.

아이 기준에는 안간힘을 다했는데 부모 눈에는 별거 아닐 수 있고요. 말도 안 되는 변명을 늘어놓는 모습이 답답할 수 있겠지만 아이에게는 진심을 발산하는 몇 안 되는 순간일 수 있어요. 똑같은 아이, 똑같은 상황이라도 바라보는 상대의 기준에 따라 달라진다는 것이죠.

책 읽는 모습만 봐도 예쁘고, 알아서 공부하는 모습에 꿀 떨어지는 눈빛으로 바라봤던 마냥 기특했던 내 아이. 그랬던 아이가 고등학생이 되자 열심히 공부하기는커녕 하교하고 학원을 다녀온 뒤 '자기 주도 학습'이라고는 손가락에 꼽힐 정도로 합니다. 성적을 올리고 싶다고 매일같이 노래하면서 결국 행동으로 이어가지 못하는 일상을 보내는 모습에 '역시 말뿐이었구나' 한심하기 짝이 없다고 생각합니다.

아이는 정말 눈물 나도록 열심히 하고 있다고 얘기합니다. 이전보다 더 노력하고 등급으로 평가되는 끔찍한 세상에서 치열하게 경쟁 중이라고요. 그런데 왜 그 노력이 인정받지 못하는 걸까요?

대한민국을 온통 들썩이게 만드는 대학 수시, 정시, 대입 합격 전략 등 차고 넘치는 정보 속에서 부모의 기대치는 턱없이 높아졌어요. 덕분에 아이들의 삶은 일찌감치 선행이 당연하게 되었고요.

인구가 줄어들면 대학 입학이 쉽다고 하는데요. 반은 맞고 반은 틀린 이야기입니다. 부모 세대만큼 4년제 입학이 어렵지 않다는 건 맞고, 원하는 대학에 가기는 더 힘들어졌으니 틀린 말입니다. 그래서 초등 입학부터 아이들은 선행으로 매일 바삐 달립니다. 길게는 12년이란 시간을 다람쥐 쳇바퀴 돌 듯 반복된 일상을 살아가는 것이죠. 제각각이 가진 색이 수백 가지인데 똑같은 루트를 따라 달리니 결국 넘어져 울고, 발목이 다치고, 제자리에 멍하니 서 있습니다. 천천히 걷는 게 좋은 아이에게 이 과정은 고역일 수밖에 없어요.

넓은 숲의 향기를 맡으며 작은 풀과 꽃들을 관찰하고 싶은 아이는 그리 살아야 해요. 바다 내음에 푹 빠져 모래성을 쌓고 물놀이를 즐기고 싶은 아이도 마찬가지고요.

그래서 아이들이 불행합니다. 곁에서 지켜보는 부모도 마찬가지고요. 조금만 잘해도 칭찬받던 일은 이제 없습니다. 남들보다 잘해야 칭찬받고, 성적 1, 2등급 안에는 들어야 수고했다는 소리를 들어요. 전교 10등 안에 꼬박 들었던 아이의 11등 소식은 본인은 물론 부모에게도 청천벽력 같은 일입니다.

마냥 손 놓고 볼 수는 없지만 아이는 충분히 힘이 들고 고된 길을 가고 있어요. 전교 1등이든 전교 꼴찌든 힘든 건 마찬가지거든요. 저마다의 기준이 다를 뿐 고입과 대입이란 목표로 향해가는 아이들은 오늘도 애쓰고 있습니다.

"고작 이것밖에 못 해?"
"별것도 아닌 걸 가지고 유난이야."
"우리 때는 훨씬 힘들었어."

인정 육아

"제대로 노력해보고 포기를 해야지. 왜 이렇게 끈기가 없니?"

"심심하면 꾀병이야. 너 맨날 핑계 댈래?"

"최선을 다해보고 얘기를 해."

"다른 아이들 좀 봐. 저렇게 열심히 하잖아. 쟤들 반만이라도 따라가 봐."

아이의 가슴에 비수가 되어 꽂히는 이 말들에 정작 '내 아이'는 없습니다. 별거 아닌 일이라 치부해버리는 부모의 생각과 부모의 경험만 존재합니다.

'힘들다', '아프다', '지친다', '포기하고 싶다'라는 자신의 감정에 대한 인정이 결여된 채 부모가 그려놓은 세상에 맞춰 아이는 살아갑니다. 마음이 거부당했기에 자신의 목소리를 내는 일을 멈추는 것이죠.

부모의 희생을 말하는 것이 아닙니다.

그저 아이를 있는 그대로 보아주는 일.

그것만으로도 아이는 자신의 인생을 살아갑니다.

아이가 힘들 때 달려올 수 있는 비상구가 되어주세요.

언제든 돌아와 기운을 차릴 수 있는 베이스캠프가 되어주세요.

그저 그 자리에 존재하는 것만으로도, 어깨를 토닥여주고 힘내라는 응원이면 충분합니다. 있는 그대로를 인정하고 지지해주는 어른이 한 명이라도 있다면 아이는 살 수 있습니다. 그 대상이 아이가 사랑하는 부모라면 그것만큼 아이를 살리는 일은 없습니다.

인정 육아

'받아들임의 법칙'
적용하기

아이가 태어날 때 우리는 모두 같은 마음으로 맞이합니다.

평생 긴 머리를 고집하던 여자를 단번에 단발머리로 변신하게 만드는 위대한 존재. 태동을 느끼며 경험한 감동을 평생 잊지 못하는 바보로 만들어버리는 기적의 대상.

그런 아이와의 첫 만남은 십수 년이 훌쩍 넘어도 어제의 일처럼 생생합니다. 손가락, 발가락의 수를 세어보고 안도하던, 세상에 하나뿐인 아이와의 첫 만남. 그렇게 우리는 부모가 되었습니다. 어떤 욕심도, 기대도, 강요도 없었습니다.

"있는 그대로의 너를 너무 사랑해."

아이가 온전히 숨을 쉬어주길 바라고 건강하게 태어나기만을 바라는 그 마음. **받아들임의 법칙**은 우리의 첫 마음을 소환해 시작합니다. 아이의 개인차를 인정하고 '있는 그대로의 네가 참 어여쁘다'라는 마음으로 바라보는 일. 지금처럼 잘 자라주어 '고맙다'라는 생각으로 조건 없이 아이를 지지하는 일. 그렇게 '받아들임'으로 바라보면 아이는 달라집니다.

부모가 욕심을 줄이면 아이는 편안합니다. 스트레스가 줄어드니 몸도 건강해지고요. 세상에 쫓겨 내달리지 않아도 되니 자신이 진심으로 좋아하는 것이 무엇인지 고민하는 시간을 가집니다.

부모 역시 욕심을 줄이면 마음이 편안합니다. 기대하는 마음보다 아이가 원하는 데 집중하니 그 자체로도 즐겁고요. 나의 감정과 기준을 앞세우지 않으니 잔소리가 십분의 일로 줄어듭니다.

이상주의자의 말처럼 들린다고요? 네, 충분히 이해합니다. 매일 변화하는 경쟁 사회를 살아가는 아이를 하고 싶은 대로 내버려둔다는 건 방임에 가까운 일일 수도 있으니까요.

받아들임 법칙의 핵심은,
있는 그대로를 받아들인다는 것입니다.

부모의 잣대로 아이를 맞추지 않는 것.

인정 육아

옆집 아이, 다른 아이와의 비교를 멈추는 것.

동그라미인 아이를 네모에 맞춰 키우지 않겠다는 다짐.

아이가 가진 강점에 관심을 가지고, 할 수 있는 일을 격려하며 도움이 필요할 때 언제든 손잡아줄 수 있는 거리에서 기다리는 것이죠.

『부모와 아이 사이』의 저자 하임 G. 기너트Haim G. Ginott 박사는 미성숙한 아이들의 결함이 발달의 자연스러운 부분임을 인식하고 결함이 있는 아이를 수용할 것을 주장했습니다. 아이의 모든 불완전함까지 포함해서 받아들이라고요. 아이의 성장 과정을 여행에 비유하며 부모가 자랑스러워하는 모습과 상반되는 모습 역시 아이 삶의 일부로 공존함을 당연하게 받아들여야 한다고 이야기했습니다.

단, 받아들임의 법칙을 수행할 때 꼭 유의해야 할 점이 있습니다.

아이의 모든 행위를 무조건으로 받아들이고, 부모의 머리 꼭대기에 앉아 군림하는 아이로 키우라는 게 아니에요. 아이의 기질, 강점, 특성을 옳고 그름으로 구분하지 않으며, 그 특징을 억지로 바꾸거나 부모가 원하는 틀에 맞추지 않는다는 뜻입니다.

겁이 많은 아이에게 지금부터 겁내기 금지라고 혼쭐내면 겁이 없어질까요? 낯선 환경에 적응하는 데 힘들어하는 아이의 자립심을 키워야 한다며 잡았던 손을 뿌리치고 닫힌 문 안으로 밀어 넣는다고 독립심 강한 아이가 될까요?

아이를 위한다는 마음으로 행했던 많은 실수로 가슴이 미어지는 날이 있습니다. 다시는 그러지 않겠다는 다짐들이 쌓여 부모는 성장합니다. 누군가의 성과를 내 아이의 목표로 삼지 않는 것만으로도 매우 잘해나가고 있는 것입니다.

완벽하게 준비된 부모는 없습니다.

부모가 커가는 과정은 '아이에 대해 알아가고 배우는 과정'입니다. 배우는 과정은 당연하게도 성장과 함께 시행착오와 실수가 공존해요. 그러니 부모로 커가는 나의 시간을 조금은 너그러이 바라보세요.

아이를 낳은 뒤 경험하는 행복감만큼이나 힘들었던 우울함과 좌절을 이겨내고 부모로서 잘 커가는 나를 칭찬하는 오늘이 되길 진심으로 응원합니다.

인정 육아

감정에 집중하면
보이는 것들

"아이를 있는 그대로 이해하고 존중하라."

아이를 양육하며 귀에 딱지가 앉도록 반복해 듣는 이야기가 있어요. '아이 존중', '아이 중심', '아이의 자존감'이란 말들이죠.

아이를 작고 부족한 존재로 여기는 게 아닌 하나의 인격체로 인정하고 공감하며 수용해주는 '아이 존중' 육아는 참으로 매력적으로 다가옵니다.

2000년대 초반부터 유행처럼 번진 '아이 존중'은 모두가 선망하고 원하는 육아의 지평을 열었다 해도 과언이 아니에요. 저는 몬테소리 교육에 심취했던 만큼 '아이 존중'에 공감했습니다. 아이의 이야기에 귀 기울이고 '아이의 행동에는 다 이유가 있다'라는 생각으로 '아이 존중'의 강력한 지지자가 된 것도 바로 이런 이유였어요.

아이의 영, 유아기에 애착 형성의 중요성을 배운 덕분에 초기 신뢰를 쌓는 데 집중했어요. 눈을 마주 보며 대화하고, 작고 어리지만 알아듣지 못한다고 무시하지 않고 상황을 설명해주면 아이는 충분히 이해할 수 있다는 걸 온몸으로 배웠어요. 아이의 울음소리에 귀 기울이고 불편한 부분에 민감하게 반응해주는 과정을 통해 부모와 자녀 사이의 관계가 돈독해진다는 것도 깨닫게 되었고요.

이처럼 부모 자녀 관계에 이로운 '아이 존중' 육아가 기본값이 되었다면 분명 건강한 소통 덕분에 정서적으로 튼튼한 아이들이 다수 등장해야 할 텐데, 전국의 '금쪽이'들로 곳곳에 비판의 소리가 높아지는 현실에 가슴이 답답합니다.

도대체 어디서부터 잘못된 걸까요? 안하무인으로 타인에 대한 존중 없이 내 아이만을 귀하게 여기는 부모들에 의해 '노키즈존'이 등장하고 편향적인 시선과 의견은 대립각을 세웁니다. 옳고 그름에 대한 갑론을박이 팽배해지는 상황을 개선할 방법에 대한 깊은 고민이 필요한 시기입니다.

인정 육아

우리 사회가 받아들인 해외의 우수한 자녀교육법인 '아이 존중' 육아는 저명한 교육자나 심리학자가 주장한 내용에서 극히 일부만을 가져왔다는 게 문제입니다.

언제부턴가 가정의 가장 큰 권력은 집에서 가장 어린아이에게 주어졌습니다. '아이 존중' 육아가 유행처럼 번진 덕분이죠. 귀한 내 새끼의 기를 죽이지 않겠다는 부모의 의지와 '아이 존중'이라는 마법의 단어가 합쳐져 자녀가 원하는 모든 걸 해주고 싶은 부모의 마음에 화답한 결과입니다.

극히 일부에 해당하는 이야기이지만 존중의 기준이 모호해 혼란을 경험했을 부모들에게 이런 이야기를 전하고 싶습니다.

아이를 존중하다 보니 그렇게 되었다라고 변명할지 몰라도 자녀가 귀할수록, 그리고 올바르게 자라길 바랄수록, 그 기준의 선을 분명히 잡아주어야 합니다. 모든 것에 대한 허용이 아닌, '그래. 네가 지금 그렇게 하고 싶구나'라는 감정적 공감이 함께하되, 타인에게 피해를 주지 않는 좀 더 올바른 안내가 뒷받침되어야 한다는 것이지요. '아이 존중'이란 의미와 아이 스스로 결정을 내리는 것의 범위를 반드시 분리해야 해요. 그렇지 않으면 오히려 부모가 권위를 잃습니다.

부모가 무엇이든 선택을 할 때 아이의 의견을 물어보고 결정을 했다면, 아이는 스스로 결정할 기회를 얻어서 기쁘고 감사한 것이 아니라 자신이 하고 싶은대로 하는 것이 당연하게 되죠. 그러다 보니 결국 참을성을 배우지 못하고 자기중심적인 사람으로 자라게 되는 것입니다.

아이는 어린 시절부터 부모가 아닌 자신이 좋은 대로 모든 것이 결정된다고 꾸준히 학습했기에 부모에게나 선생님 혹은 친구들에게서 '안 된다'라는 얘기를 듣게 되면 참지 못하고 화를 내거나, 감정적 컨트롤이 불가한 상황이 발생하기도 하지요.

그렇기에 내가 아이의 원하는 걸 들어주지 못했음에서 오는 죄책감은 가지지 마세요. 혹여나 반성을 하고 개선을 해야 한다면, 내가 아이의 감정을 무시하거나, 어린아이가 하는 소리라고 묵살했던 경험의 영향이 더 클 것입니다.

'감정 읽기'는 생각보다 쉽지 않아요.

나 자신의 감정을 인지하고 받아들이기도 쉽지 않은데 아이의 감정을 제대로 읽는 일은 당연히 어려울 수밖에요. 저 또한 당장 어제만 해도 아이 감정을 읽어주는 게 쉽지 않다는 걸 또다시 몸으로 실감했으니까요. 감정을 인정해주는 일은 평소 우리가 사용하는 언어와 일치하지 않습니다. 공감하고 경청하는 언어를 사용해야 타인에게 오롯이 전달되기 때문입니다.

인정 육아

하지만 우리가 책을 많이 읽으면 읽을수록 문해력이 점점 좋아지는 것처럼, 근력이 제로 상태였지만 꾸준히 반복된 운동을 통해 근력을 키울 수 있는 것처럼, 다행히 노력하고 관심을 가진다면 감정 읽기는 점점 나아질 수 있습니다.

예를 들어, 아이와 도서관에 가기로 합니다. 원하는 자리를 잡으려면 개관 시간에 맞춰 도착해야 하기에 일찍 잠자리에 들어야 함은 당연하겠죠. 아이는 종일 도서관에서 공부하고 싶은 마음과 일주일에 단 하루뿐인 주말 저녁 늦은 시간까지 하고 싶은 것을 실컷하고 늘어지게 자고 싶은 마음이 팽팽하게 줄다리기를 합니다.

아이는 갈등 속에 늦게 잠이 들고 이른 기상은 불가하지만 부모는 포기를 모릅니다. 일찍 일어날지도 모른다는 1%의 기대로 아침부터 아이를 하염없이 기다려요. 아이는 해가 중천에 떠서야 기상합니다.

온전히 날려버린 오전 시간이 속상하고 왜 계획한 일을 제대로 실천하지 못하는지 답답함에 짜증이 솟구칠 거예요. 방금 잠에서 깬 아이에게 잔소리 폭탄을 날리고 싶은 찰나, 가만히 아이 입장이 되어보세요.

청소년의 삶. 가족과의 대화, 특별한 여행, 친구와의 즐거운 일상이 공존해도 아이의 깊은 답답함을 해소해주기에는 역부족입니다. 좋은 고등학교, 좋은 대학을 향한 열망은 등급제로 줄 세우는 현실에서 벗어날 수 없는 덫에 갇힌 기분을 느끼게 합니다. 저 같아도 그럴 것 같아요. 우리 때와 비교해 지금 아이들의 경쟁 체계는 더 치열하고 숨이 막히니 그럴 만도 해요.

아이가 처한 배경을 무시하고 오늘 네가 계획한 일을 실천하지 못했다 질타하면 무엇이 달라질까요? 결론부터 얘기하면 아이의 성장에 어떤 긍정적 영향도 미치지 못합니다. 되려 아이와 부모의 관계에 미치는 부정적 영향이 압도적이죠. 감정 관계는 마이너스가 될 것이고 소통의 단절로 가는 지름길에 접어들어 후폭풍을 마주할 겁니다.

이처럼 아이의 감정을 읽어주는 일은 중요합니다.

문제가 되는 행동에는 단호하되 아이 행동의 시작점을 살펴보세요. 대개의 감정은 거기서부터 시작됩니다.

아이를 키우다 보면 누군가를 위해 한 행동이더라도 좋지 못한 결과로 마무리되는 일이 부지기수잖아요. 뇌 발달은 물론 근육의 발달까지 현재 진행형인 아이이기에 실수가 당연하고 마음처럼 되지 못함이 기본값이라는 걸 기억하고 바라보면 좋겠습니다.

관계 치료 분야의 세계적인 권위자 존 가트맨John Gottman 박사는 아이의 감정을 존중한다는 것은 비록 감정으로 인해 발생하는 특정 행동을 지도해야 할 경우에도 모든 감정이 타당하다고 믿는 것이라 말합니다. 감정에 대한 인정이 아이의 심리적 안정 상태에 기여하기 때문이라고요. 쉽지 않은 일이지만 아이의 삶에 터를 다지는 일인 만큼 힘들더라도 포기하지 않고 꼭 실천했으면 좋겠습니다.

'카더라'에
흔들리지 않는 힘

유아기의 아이는 '천재 같다'라는 착각이 들 정도로 뛰어난 기억력을 보입니다. 한 번 들은 이야기를 자신의 언어로 이야기하는 언어의 마술사. 그들이 바로 우리 아이들입니다.

초등 저학년 때도 마찬가지예요. 부모의 기대치가 높지 않은 시기에 뭐든 척척 배워내고 해내는 아이를 보면 분명 대단한 인물이 될 거라는 기대감에 설레기도 합니다. 중학교에서 제대로 된 성적표를 받기 전까지 아이를 학습적으로 다수와 비교할 기회가 많지 않으니 당연합니다.

부모 눈에는

누구보다 뛰어난 내 아이,

인정 육아

똑 부러지는 내 아이,

영재성을 가진 내 아이로 비칠 수밖에요.

너도, 나도 내 아이가 제일인 현실에서 사교육은 널뛰는 부모의 마음을 놀랍게도 잘 파고듭니다. 그렇게 완성된 결과물이 선행입니다.

"예체능은 기본 한두 개는 기본이라더라."

"수학 영재학원에 보내는 건 필수라더라."

"글로벌 세상에 발맞추려면 영어유치원에 다녀야 한다더라."

끝없이 이어지는 '카더라'. 정확한 근거도 대상도 없는 말은 민들레 홀씨처럼 부모의 마음에 조용히 뿌리를 내립니다.

아이마다 기질과 관심사는 다섯 살 이후 확연하게 차이가 납니다. 천차만별의 그네들이기에 지식에 대한 욕구가 강하고 배우는 것을 즐기는 아이의 경우 조기교육이 도움이 되기도 하지만 모두 같을 수는 없어요. 어쩌면 부모도 어렴풋이 알고 있지만 기대와 가능성이라는 허상에 쫓겨 쉬이 손을 놓을 수 없는 것일지도요.

이럴 때일수록 '내 아이를 있는 그대로 보는 눈'을 키워야 합니다. 겉으로만 보이는 모습이 아닌 내 아이가 가진 기질과 특성, 말투는 물론 특별히 좋아하는 부분과 유별나게 짜증을 내는 요소들 말이죠.

모든 아이는 자랍니다. 그 속도가 빠른지 느린지는 직관적으로 예측할 수 있지만 확신할 수는 없어요. 임의로 속도를 더 빨리, 더 늦게 조절하는 건 오히려 아이에게 해가 될 수 있고요.

초등 교육 전문가 김선호 선생님은 저서 『초등 사춘기 엄마를 이기는 아이가 세상을 이긴다』에서 실제 교육 현장에서 보고 깨달은 아이들의 성장에 대해 이야기해요. 그중 제 기억에 가장 남은 내용은 아이들이 성장했다고 느끼는 순간은 대부분 기다림에 끝에 왔다는 거였습니다. 부모가 아이를 있는 그대로 바라보며 기다리면 아이는 억지로 이끌 때보다 더 좋은 성장을 제힘과 제 속도로 해낼 수 있습니다.

재잘재잘 떠드는 소리.

가만히 있다가도 함박웃음을 짓게 하는 그 무엇.

해라, 해라 하지 않아도 알아서 잘하는 것들 말이에요.

거기에 내가 알려주고 싶은 정보나 상식들을 구석구석 배치하면 저절로 확장이 이루어집니다.

그래도 내 마음이 '카더라'에 자꾸만 흔들리면 그에 합당한 답을 찾고 마음을 다잡는 게 중요합니다. 겉으로는 화려해도 깊이 들여다보면 녹이 슬고 생채기가 가득할지도 모르고요. 반대로 선배들의 적극적인 지지가 있다면 고려해볼 만한 것일 수도 있어요.

무조건 '옳고 그르다'로 단정 짓는 이분법적 사고는 내 아이를 정해진 틀에 가둘 수도 있기 때문에 주의해야 합니다.

어떤 기준에서든 폭넓은 경우의 수는 다양한 경험의 기회를 누적할 수 있기에 전적으로 찬성입니다.

유아기, 아동기는 직접 경험의 중요성이 어느 때보다 강조되는 시기예요. 아이의 관심사를 바탕으로 우선순위를 정하고, 아이가 해낼 방법을 적용해 직접 뛰어들게 하는 시간이 필요해요. 부모의 의지가 반영된 '할 수 있어!'가 아닌 것이 핵심이죠.

미성년인 자녀가 원하는 것과 관심사가 무조건 좋은 선택이라고 할 수는 없지만, 부모가 적절하다고 판단되는 기준선에 부합한다면 마음껏 노출되는 시간이 필요해요. 그래서 유아기부터 적극적으로 내 아이의 성향과 기질을 관찰하여 아이의 속도를 가늠하는 게 좋아요.

빠르다고 좋고, 느리다고 나쁘지 않아요. 일찍 강점이 도드라지는 아이가 있는가 하면, 대기만성형의 아이는 느리더라도 결국에는 누구보다 활짝 꽃봉오리를 터뜨리니까요. 아이를 이해하고 그대로 인정하는 것만으로도 자녀교육에 큰 힘이 됩니다.

조금 느리게 가더라도 제대로 가는 것이 중요해요. 한 계단씩 차근차근 오르면 내 길인지 아닌지 아이 스스로 알게 됩니다. 힘들어도 가고 싶은 길이 있고, 시시해서 시선조차 두지 않는 길도 있을 거예요.

내 아이만의 적기교육이 중요한 이유는 '힘들어도 할 만하다'라는 생각에는 그것을 해내기 위한 단단한 근육이 필요조건인 경우가 많기 때문이에요. 다섯 살에 시도할 때보다 열 살에 시작하는 게 시간을 단축하고 성취감을 눈에 띄게 얻을 수 있는 차이인 거죠.

학습도 마찬가지입니다. 기본적인 배경지식을 갖춘 뒤에 배워 나가는 과정은 아이에게 즐거움이 됩니다. 다음이 궁금하고, 그 시간을 고대하는 마음이 함께하니 콧노래가 절로 납니다.

그때의 감정과 상황에 대한 기억은 꽤 긴 시간 무의식에 자리 잡게 됩니다. 그렇게 세상에 속해가는 많은 시간이 아이에게 유쾌하고 즐거운 요소들로 깊게 자리 잡아 힘들고 피하고 싶은 도전을 마주할 때 꺼내어 쓸 수 있길 바라는 마음입니다.

인정 육아

더하기 말고
빼기

부모는 아이를 사랑합니다. 사랑하는 마음이 넘치면 넘쳤지 부족하지는 않을 거예요.

내 아이가 귀하고 잘 크길 바라는 마음에 부모는 무엇이든 자꾸 더해주기 위해 노력합니다. 더해줄 것이 무엇인지 살피고, 더해주고 난 뒤 스스로 막연한 뿌듯함에 도취되기도 하고요. 누가 봐도 좋은 부모, 너그러운 부모, 아낌없이 베푸는 부모라는 자부심에 어깨가 으쓱해질지도 모르겠습니다.

저 역시 다르지 않았어요. 출생과 동시에, 아니 어쩌면 아이가 태어였을 때부터일 거예요. 어떤 육아용품이 아이에게 좋을지, 어떤 놀잇감이 적합할지, 어떤 책을 사줄지, 어떤 노래를 들려줄지 생각했습니다.

그뿐이 아니에요. 어떤 음식을 더 해주면 될지, 어떤 영양제를 준비해야 할지, 어떤 학용품이 필요할지, 어떤 옷을 구매해줄지, 어떤 교재를 풀게 할지, 무엇을 더 배우게 할지. 끊임없이 아이에게 더해줄 무언가를 고민했습니다. 더 나은 미래를 위해 꼭 필요할 거라 생각하고 부모의 당연한 의무라 여겼기 때문입니다.

하지만 생각보다 아이는 이렇게 넘치듯 더해지는 것을 무조건 반기지 않아요. 학교생활에 무엇이 필요한지, 나는 어떤 악기를 배우고 싶은지, 지금 내가 갖고 싶은 게 무엇인지.

아이에게는 스스로 생각할 틈이 필요해요.

나의 마음을 제대로 들여다봐야 '나'를 알 수 있어요.

나는 어떨 때 불편함을 느끼는가?
나는 어떤 시간에 가장 편안한가?
나는 무얼 할 때 가장 즐거운가?
나는 물건을 잘 챙기는 사람인가, 아닌가?
나는 문제가 생겼을 때 타인에게 도움을 요청할 수 있는 사람인

인정 육아

가, 아닌가?

수없이 많은 경우의 수를 아이는 자신의 삶을 살아가며 배우게 됩니다. 부모가 만들어놓은 삶이 아닌, 제힘으로 치열하게 하루를 살아가며 깨닫게 되는 것이죠.

그러니 지금부터 아이가 스무 살이 될 때까지 우리 딱 하나만 기억해요. 더하기보다는 군더더기를 빼는 과정이 아이를 단단하고 스스로 해낼 수 있는 성인으로 성장시킬 수 있는 비밀이라는 것을요.

해주고 싶고 도와주고 싶고 먼저 챙겨주고 싶은 마음을 탓하는 것이 아니에요. '아이가 선택하는 순간'을 조금만 기다려보자는 것이죠.

기다림이 고역이라고요?
그럼 지금부터 생각을 조금만 달리해보세요.

내가 기다리는 시간은 아이를 성장하게 한다.
내가 기다리는 시간은 아이의 독립성을 키운다.
내가 기다리는 시간은 아이의 도전하는 마음을 싹틔운다.
내가 기다리는 시간은 아이의 자립심을 자라게 한다.

내가 기다리는 시간은 아이에게 줄 수 있는 최고의 선물이다.

제 허리까지도 오지 않았던 아이가 저와 눈높이를 마주할 때쯤 이야기하더군요.

"난 엄마가 항상 날 기다려줬다는 걸 알고 있어. 그래서 내가 더 괜찮은 사람이 된 것 같아. 엄마 고마워!"

꼭 바라고 기다림을 선택한 건 아니지만, 아이의 이 한마디에 그간의 시간이 주마등처럼 지나갔습니다. '나의 노력이 너에게 좋은 의미로 닿았다면 그것으로 충분하다'고 생각하며 감격스럽기도 했고요. 부모의 마음을 알아주는 아이가 어여뻐 꼬옥 안아주었습니다.

물론 징그럽게 왜 그러냐고 도망가 감동의 여운을 오래 느낄 수는 없었지만 뾰족뾰족한 사춘기 시기에 이런 이야기를 들을 수 있었던 것만으로도 부모 자존감이 슬며시 미소를 보냅니다.

인정 육아

부모의 말,
노력과 수고를 인정해주는 힘

"괜찮아. 괜찮아."

아동기, 청소년기 아이들에게는 인정 욕구가 무척 큰 부분으로 작용합니다. 부모에게 관심이 없는 척을 하지만 어느 때보다 결과에 목을 매게 되고 칭찬을 갈구하게 되지요.

모두가 나를 주목하는 것 같고 나의 모든 과정이 완벽한 결과로 평가받아야 한다는 생각을 할 수도 있어요. 이럴 때는 더욱 결과가 아닌 과정 속의 노력과 수고를 인정해주어야 해요.

"결과가 안 좋아 속상하겠지만, 네가 노력했다는 것을 알아."

"기회는 언제든지 있어. 다음에 또 잘하면 돼."

"너를 믿는다. 쉽지는 않겠지만 노력해봐."

"너를 이해해, 그리고 너를 믿어."

"네가 어떤 선택을 내려도 난 괜찮아."

"천천히 이야기해도 괜찮아. 엄마, 아빠가 기다리고 있을게."

"실수해도 괜찮아. 느려도 괜찮아. 노력하는 네 모습이 참 자랑스러워."

인정 육아

맹목적으로 결과에 집착하지 않는, 과정의 소중함을 배우며 아이는 회복탄력성도, 자기효능감도 키우게 됩니다.

괜찮다는 부모의 위로는 아이가 스스로 해낼 수 있는 든든한 버팀목이 됩니다. 심각하게 보면 문제가 되지만 '별일 아니야. 괜찮아'라는 생각으로 바라보면 그저 웃어넘길 수 있는 일.

그렇기에 아이의 사소한 고민과 예상치 못한 걱정과 감정적 변화에 묵묵히 곁을 지키며 '괜찮다'라고 말해주는 마음은 아이를 믿고 지지하는 존중의 마음입니다.

더 나은 내일을 위해 겪어내야 하는 성장통. 오늘도 저는 아이에게 말합니다.

"쉬어가도 괜찮아."
"실수해도 괜찮아."
"충분히 잘 해내고 있어."

그러면 '괜찮다'라는 말이 그때부터 마법을 부립니다. 더 잘하라고 다그치지도 않았는데도 아이는 더 노력하고 단단해집니다.

부모의
마음챙김

가끔은 괜찮다는 위로 한마디에 힘들었던 마음이 사르르 녹아내림을 느낍니다. 거창하게 위로가 되는 말은 아닌데 우리는 왜 '괜찮아'라는 말에 마음이 동할까요? 잘하고 싶은 바람, 잘하지 못함에서 오는 불안감 그리고 잘해낼 거라는 주변의 기대 때문일 거예요. 먼저 출발한 사람들을 쫓아가듯 내 마음이 종종걸음으로 서두르니 편할 자리가 없습니다.

그래서 시간과 상황의 쫓김과 비교에 늘 노출된 아이에게도 '괜찮아'라는 말이 꼭 필요합니다. 오늘부터 일주일간 하루에 한 번 이상 '괜찮아'라는 위로를 아이에게 건넬 예정입니다. 내 아이의 마음을 살리는 말 한마디를요.

Q. 누구보다 잘 해내고 싶은 아이의 마음을 떠올리며, 내가 아이에게 해줄 수 있는 '괜찮아'를 일주일간 기록해주세요. 매일 쓰기가 힘들더라도 괜찮습니다. 이틀에 한 번, 일주일에 한 번이라도 간격을 두고 일곱 번 적어줍니다.

1.

2.

인정 육아

3.

4.

5.

6.

7.

7장

할 수 있는 아이로 키우는 시행착오의 기적

나는 결코 학생들을 가르치지 않는다.
단지 그들이 배울 수 있는 조건을 제공하려고 노력할 뿐이다.

- 알베르트 아인슈타인

선택의 기로에 선
당신에게

나는 어떤 부모가 될 것인가?

나는 아이의 어떤 행동까지 허용할 수 있는가?

나는 잔소리를 쏟아내고 싶을 때 어떻게 대처할 것인가?

나는 거짓말하는 아이에게 어떻게 반응할 것인가?

나는 규칙을 지키지 않는 아이를 어떻게 훈육할 것인가?

우리는 부모로 살아가며 수없이 많은 선택의 순간을 경험합니다. 이럴 때는 이렇게 해야지. 저럴 때는 저렇게 해야지.

분명한 기준을 세워왔음에도 우르르 한순간에 무너지는 게 부모의 마음입니다. 그렇기에 완벽할 수 없다는 걸 인정하고 사랑이 바탕이 된 마음으로 아이를 키우는 일을 우리는 하고 있고, 해내야 해요.

그런 마음이 어떻게 생겨나는지 뜬구름같이 느껴져도 우리가 지금껏 반복해 익히고 기억하는 경험을 나열하며, 매 순간 마주하는 선택에 좀 더 내가 걷고 싶은 방향으로 한 발 더 내디뎌보는 일. 그런 과정들 안에 우리가 있습니다.

나의 선택을 믿지 못하시겠다고요? 그러면 아이를 보세요. 아이는 부모의 스승이고 부모의 거울이에요. 아이가 하는 행동 하나하나 의미 없는 게 없어요.

아이들이 보여주는 것들은 곧 우리의 모습입니다.
나의 잘함도, 나의 실수도.
아이는 나를 모두 품고 있기 때문입니다.

저는 아이를 통해 배우고 아이와 함께 자라며 16년을 보냈어요. 지금도 아이와 끊임없이 대화하고 함께 고민하지만 어린 날 아이가 제게 준 선물 같은 순간들은 지금도 부모로 '잘' 살아가게 합니다. 미처 생각하지 못한 것들을 아이가 깨닫게 해주고 가르쳐준 기억이 넘쳐흐르는 덕분입니다.

5년 전 일이에요. 아버지가 암 수술을 받으셨던 날의 이야기입니다. 수술 전에는 초기로 진단받고 놀란 가슴을 쓸어내리며 수술

인정 육아

을 진행했는데, 막상 당일에 보니 암이 예상보다 더욱 진행된 상태라 큰 수술이 되었고 시간은 속절없이 흘렀지요. 평소 늘 긍정적이던 어머니도 몹시 당황하고 놀랐는지 수화기 너머 들려오는 어머니의 울음소리에 저도 덩달아 참았던 눈물이 쏟아졌어요. 그런 제 모습을 아이가 곁에서 고스란히 보게 되었고요. 전화를 끊고서 아이에게 내용을 전달하니 저에게 바로 이런 말을 하더군요.

"엄마, 외할머니 걱정되잖아. 난 괜찮으니까 엄마 지금 바로 서울 가. 티켓 끊어서 외할머니 옆에 있어 드려. 난 내가 알아서 잘하니까 걱정 안 해도 돼."

너무 울어서 정신없는 상태였는데, 아이의 말이 가슴에 콕 박혔어요. 지옥 같았던 3시간 동안 아이는 엄마를 안아주고, 엄마가 자신을 걱정해서 가지 못할 거라 판단하고는 저녁은 어떻게 챙겨 먹을 거고, 아빠가 늦으면 근처 친척 집에 가 있으면 된다는 얘기도 해주었어요. 순식간에 아이가 상황을 정리해주는데 '내 새끼 참 잘 자랐구나' 하는 생각이 들었습니다.

품 안의 자식이라 생각했던 아이가 믿고 기댈 수 있는 존재로 곁을 지켜준다는 건 정말 꿈같은 일입니다. 아이를 믿고 맡겼던 순간들. 네가 할 수 있을 거라는 격려로 기다려준 많은 시간은 이처럼 예상치 못한 순간에 귀한 선물이 되어 돌아옵니다. 그럴 때마다 다시금 잊고 있었던 마음이 고개를 듭니다.

조급할 수 있어요.

불안할 수 있고요.

비교하는 마음에 흔들리고,

몇 번이고 나의 마음이 할퀴일 수 있어요.

하지만 이것만은 분명합니다.

아이와 함께 지지고 볶는 시간 속에서도

아이와 내가 자란다는 사실이에요.

육아에서 허투루 쓰는 시간은 없어요.

이전의 경험이 바탕이 되어 아이는 생각지도 못한 기적을 보여주거든요.

그러니 처음부터 다 잘하겠다는 마음은 내려놓기로 해요.

조금 지치면 잠시 쉬어가고,

혼란스럽다면 지혜를 찾아보세요.

조급한 마음이 들면 내 아이에 좀 더 집중해봐요.

이런 과정이 반복되다 보면 부모도 아이도 '이제 제법 괜찮아졌다'라는 순간이 옵니다. 그거면 충분합니다. 어제의 우리가 내일의 우리를 믿고 기다리는 시간. 바로 우리가 걷고 있는 '지금'입니다.

인정 육아

시행착오의 무한루프에서
완성되는 나만의 육아법

　아이가 성장하는 동안 포기하고 좌절하고 싶은 순간은 언제든 발생해요. 도전형의 아이라면 곱절로 실패를 경험할 수도 있겠죠. 그럴 때일수록 나와 가장 가까운 부모가 전하는 긍정적인 반응은 다시 회복하고 나아가는 힘이 되어줍니다.

　부모의 "괜찮아"라는 말 한마디에 아이는 위안을 얻고요. 무릎을 툭툭 털고 더 힘차게 나아갈 추진력을 얻는 것도 바로 이 때문입니다.

　아이의 성장 과정을 지켜보면 쉬운 일이 없었어요. 모두 알지 못하기에 실수하고 시행착오를 거치며 이전보다 나은 방향으로 가게 되는 경우가 대부분이었죠. 저는 누구보다 '시행착오'의 긍정적 영향을 경험한 1인이기에 진심으로 여러분에게도 시행착오를 즐길 수 있는 계기를 선물하고 싶어요.

'시행착오'는 어떤 일을 하고자 할 때 그것을 해내는 확실한 방법을 몰라 막연한 생각이나 본능에 따라 도전과 행동을 반복하고, 실패했을 때 다른 방법을 시도하다 점차 목표에 도달해가는 것입니다.

시행착오의 반복은 연습이고, 시행착오를 학습의 기본 과정이라고 정의한 미국의 심리학자 손다이크Thorndike의 말과 일맥상통하지요. 문제를 해결하는 데 걸리는 시간은 시행 횟수가 증가함에 따라 감소하고, 기회를 많이 제공하면 할수록 문제 해결 능력이 향상됩니다.

모든 시행착오에 해당하는 의미지만 이 의미에 가장 명확한 결과를 보이는 예시가 바로 육아예요. 아이를 키우는 일만큼 확실하게 시행착오를 반복하며 성과를 얻는 것은 없기 때문이죠.

모두에게 인정받고, 완벽함을 추구하는 사람은 아이를 완전하게 키울 수 있을까요? 쉴 새 없이 바뀌는 환경에서 실수하지 않기란 불가능에 가까워요. 이미 여러 아이를 양육한 경험을 가졌어도 아이 각자가 가진 성향은 지극히 개인적이라 이전의 완벽한 방법을 그대로 적용할 수도 없는 노릇이고요. 결국 나와 내 아이에게 맞는 최적화된 방법을 찾는 과정, 그것이 시행착오라 할 수 있습니다.

처음 아이를 키우며 실수를 연발하는 내가 안타깝고 못나 보여 한심할 때가 있어요. 아이가 돌이 지나고, 두 돌, 네 돌이 되어도 후회와 실수에서 자유롭지 못하죠.

그리고 비로소 깨닫게 됩니다. 부모로 살아온 숱한 과정 안에 '시행착오'가 늘 존재했고, 그 덕분에 한 발씩 앞으로 나아갈 수 있다는 것을요. 그것이 곧 아이가 단단하게 자라기 위한 성장의 핵심이라는 것도 알게 됩니다.

시행착오는 부모와 아이 모두에게 위기가 아닌 기회예요. 그 기회 덕분에 아이의 소리에 더 귀 기울일 수 있고, 아이의 성향과 기질을 배워갑니다.

시행착오를 두려워 마세요.

인생을 살아가며 처음부터 잘 해내는 이가 과연 몇이나 될까요?

우리는 모두 부모가 처음입니다. 부모의 환경과 가치관, 아이의 기질에 따라 육아는 극명한 차이를 보이지요. 어느 것이 정답이라 할 수 없기에 실수투성이지만 결국 그것이 아이를 제대로 키우고 교육하는 길을 열어줍니다.

단단한 부모로 걷는 길을 '시행착오'라 칭하고
두려움은 벗어던지고 당당히 걸어가세요.

아이가 걸음마를 완성하기 위해 수없이 잡고 걷기를 반복하며 비로소 첫발을 홀로 내딛는 것처럼. 어른인 우리도 세상을 향해 끊임없이 도전하고 서투른 상태로 나아갈 수밖에 없어요. 그러니 '나도 저 사람처럼 잘 해내야 한다. 그래야 좋은 부모다'라는 강박부터 벗어버려요.

저의 처음에는 막 서른 살이 된 울보가 있었습니다. 아이의 울음에 어찌할 바를 몰라 함께 엉엉 울고, 세상에서 제가 제일 힘든 것 같아 불평을 산처럼 키웠어요. 저를 도와주지 않는 남편이 원망스러워 도끼눈을 치켜뜨고, 감정은 널을 뛰었습니다.

부모 나이 다섯 살이 되고, 열 살이 되고, 열여섯 살이 되고. 이젠 제법 엄마로서 자신감이 붙었다는 생각이 들지만 조금만 방심하면 어김없이 등장하는 어려운 숙제들에 정신이 혼미해집니다. 그러나 얻은 것 하나 없이 처음으로 돌아간 듯 보여도 지난 16년이란 시간이 있었기에 아이를 더 이해하고 저 자신을 알게 된 것을 인정합니다.

인정 육아

제자리라 생각했는데 알고 보니 나선형으로 돌고 돌아 부모라는 이름을 더 크게 키우고 있었던 나를 마주하는 것은 꽤 달콤한 일입니다. 모든 게 완벽했다면 깨닫지 못했을 '지금'이 주는 '행복'도, 당연할 거라 여겼던 '기쁨'도, 지금처럼 '감사'라는 감정으로 새기지는 못했겠죠.

시행착오의 순간은
아이가 자기 생각을 키우고 관심사를 넓혀간다는 증거입니다.
유아기, 아동기, 청소년기에도
아이는 자립심을 키우는 훈련이자 연구를 하는 중입니다.
훈육자가 아닌 관찰자의 입장으로 기다려보세요.
안전이 보장된 상태라면 제재를 가하거나 억압하지 마세요.
불안해 마세요. 아이는 좀 더 성숙해지기 위해 한 뼘 더 자라고 있습니다.

지금부터, 시행착오의 바닷속에서 아이가 자라는 순간을 함께 즐기고 추억이 되는 순간으로 맞이할 수 있길 진심으로 응원하겠습니다.

존중이 꼭 필요한
순간 1, 2, 3

우리의 삶은 타인과의 관계 속에서 이뤄집니다. 그 안에서 존중
과 배려를 배우고, 좋은 관계를 유지하기 위해 '노력'을 하게 되고
요. 서로 생각이 다르고 환경이 다른 이들이 만나기에 예기치 못
한 변수로 긴장 상태를 유지하기도 합니다.

이런 일상을 살아가며 우리는 사회에 속한 구성원으로 성장합
니다. 좋은 관계를 유지하며 인정을 받는 것은 물론 존경을 얻게
되며 나만의 위치가 구축되기도 하지요.

타인에게 좋은 매너와 배려를 행하는 사람은 좋은 부모가 될 가
능성이 지대합니다. 삼자가 바라보는 것은 물론 본인 역시 '나는
좋은 부모가 될 것'이라 생각하고, 내 아이로부터 존경받는 이상적

인정 육아

인 그림을 예측하는 것도 어쩌면 당연합니다.

하지만 생각보다 흔한 예측이 그대로 적용되지 않는 위치가 부모라는 자리입니다. 대외적으로 완벽했던 성인이라고 해서 모두 좋은 부모가 되는 것은 아니기 때문입니다. 자신의 아이에게는 지나치게 엄격하거나 무시가 바탕이 된 말투로 폭언을 일삼기도 하고요. 아이에게 군림하며 자신이 원하는 방향으로 불도저처럼 끌고 나가기도 합니다. 모두에게 인정받아온 만큼 내 생각에 반하는 태도는 용납할 수 없음에서 오는 강압적인 자아도 표출됩니다.

자신의 가장 원초적이고 무의식적인 상태에서 발현되는 모습. 즉 부모가 되기 전에는 한 번도 마주하지 못한 냉정하고 엄격한 낯선 내 얼굴을 마주하는 것이죠.

부모가 자신도 왜 이러는지 도저히 이해되지 않아 혼란스럽고 자책의 눈물을 짓는 것 또한 이런 이유라 할 수 있어요. 그래서 부모는 거저 되는 것이 아닌, 인내하고 끊임없이 새로 배워야 하는 역할이란 사실을 감히 진리라고 단언합니다.

부모는 내 아이를 향한 기대감을 기본값으로 가진 사람이에요. 저를 비롯한 다수의 부모가 보이는 특성이자 당연한 감정입니다. 부모라서 갖게 된 이 기초 감정을 어떤 방향으로 표출하고 아이를 이끌 것인가 하는 육아의 기본 뿌리根本는 부모의 성향과 기질, 준비된 마음으로 정해집니다.

자녀의 성장기에는 미처 몰랐던 문제가 학령기 이후에 도드라지는 이유 역시 처음 감정을 어떤 방향으로 잡느냐에 따라 많은 부분이 결정적으로 작용하기 때문이에요. 그래서 부모 마음의 시작은 제대로 된 '존중'이 바탕이 되어야 합니다.

'존중'이라는 단어를 잘못 적용하면 부모 위에 군림하는 아이가 됩니다. 아이가 원한다면 마음대로 할 수 있게 두고, 아이가 힘들면 대신하고, 아이의 모든 행동을 자유롭게 허용한다는 건 '존중'이 아닌 방관이자 지나친 개입이겠죠.

'아이 존중'은 아이 '감정을 인정해주는 것'입니다. 아이 존중이란 의미와 스스로 결정 내리는 것의 범위를 명확히 설정해야 부모가 권위를 잃지 않아요. 그 기준을 바탕으로 아이는 참을성을 배우고 기쁘고 감사할 줄 알며, 타인을 배려하고 소통할 줄 아는 사람으로 자라게 됩니다.

그러면 아이에게 존중이 꼭 필요한 순간은 언제일까요?

첫째, 자기 조절력을 키우는 순간입니다.

3장에서 재차 강조한 자기 조절력을 다시 소환한 이유는 부모

인정 육아

가 자녀를 나약하고 부족한 존재가 아닌 있는 그대로 온전한 인격체로 자랄 수 있게 돕기 위한 필수 조건이기 때문이에요. 아이러니하게도 내가 알아서 하겠다고 큰소리치거나 부모에게 반항하는 듯한 상황들이 연출될 때 비로소 이 힘을 키우게 되는 계기가 완성되기에, 부모는 그럴 수 있다고 아이에 대한 인정과 존중을 가져야 합니다.

부모가 아이를 마냥 어리고 부족한 존재로 바라본다면 아이는 스스로 힘을 키울 기회를 얻지 못해요. 그래서 믿고 맡겨주는 존중의 마음이 꼭 필요합니다.

둘째, 회복탄력성을 키우는 순간입니다.

자기 조절력과 많은 부분 맞닿아 있는 아이의 숨은 힘이 바로 회복탄력성입니다. 아이가 살아가며 마주하는 역경과 시련, 실패에 대해 '다시 해보자!', '다시 하면 되지!'라는 생각을 담는 마음의 힘이죠.

부모의 시선이 24시간 아이에게 닿아 개입이 반복되면 회복탄력성을 키울 기회가 현저히 줄어듭니다. 아이는 실패를 발판 삼아 땅을 단단히 다질 시간이 필요한데 '사랑이라는 이름으로 포장된 도움'이 사방에 존재해 온전한 제힘을 얻지 못합니다.

아이의 실수와 실패가 안타까운 부모의 마음을 모르는 게 아니에요. 저 역시 같은 마음이었으니까요. 하지만 즉각적인 도움은 온전히 아이 것이 될 성장 기회를 빼앗고, 아이 손에 결과를 쥐여주는 것은 성취감을 키울 기회를 포기하게 만듭니다.

우리의 역할은 실수와 실패를 마주하는 아이의 마음을 토닥여주고 응원해주는 것이면 충분합니다. 어려운 과제일수록 수많은 시행착오의 경험이 쌓여 온전히 제 것이 될 수 있습니다. 포기하지 않고 노력하는 행동과 긍정적으로 임하는 자세를 칭찬해주세요.

셋째, 자기 효능감을 키우는 순간입니다.

회복탄력성과 같은 방향으로, 아이 삶에 성장의 원동력이 되는 힘이 자기 효능감입니다. 간혹 막연하게 노력도 없이 "난 잘할 수 있어. 난 잘났어"라는 생각을 자기 효능감으로 착각하는 경우가 있는데요. 이런 생각은 자만심입니다. 어떤 과정의 노력도 없는, 어떤 증거도 없는 막연한 생각이죠. 이것과 자기 효능감은 뿌리부터 다릅니다. 나는 노력하면 할 수 있는 사람. 내가 한 적절한 행동이 문제를 해결할 수 있다는 신념으로 스스로 자신을 '쓸모 있는 사람'이라고 느끼는 것입니다.

무턱대고 아이의 자신감을 키워주려고 쏟아내는 칭찬은 감정에 깊이 닿기 힘들어요. '아이의 노력이 바탕이 된 칭찬과 격려'는 자기 효능감을 키우기 위한 중요한 요소입니다. 무엇을 도와줄지

인정 육아

에 대한 고민보다, 스스로 해내는 다채로운 경험의 무대를 어떻게 벌일지 고민을 해보세요.

아이가 원해서 시작하는 일이라는 전제하에 아이의 책임이 동반되는 일이면 더욱 좋습니다. 그 일의 결과를 떠나 계획하고 실행하는 과정을 혼자 고민하고, 좋은 결과를 내기 위해 애쓴 아이의 수많은 고민과 불안함, 힘들지만 끝까지 해내려는 단단한 마음을 인정해주세요.

결과가 기대와 달라도 괜찮습니다. 오롯이 혼자 힘으로 해본 아이는 나의 한계를 시험하기 위해 또다시 '해내고 싶다'라는 생각을 합니다.

부모의 존중이 필요한 순간, 아이에게 진정으로 존중하는 감정을 표현하면 아이는 믿고 기다려준 부모를 향한 존경의 마음을 키웁니다. 부모가 도와주지 않았는데 더 기뻐한다는 것이 참으로 아이러니하지만 아이는 덕분에 단단한 뿌리를 가진 튼튼한 나무로 자랄 거예요.

평생 아이를 살릴
선택의 눈 키우기

자녀와 대화하는 것은 소통을 위한 도구이면서 아이의 가치관을 올바른 방향으로 향하게 하는 행위라 할 수 있어요. 어떤 시각으로 세상을 바라볼지를 배우고, 상황에 대처하는 방법도 알게 되기 때문이죠.

단순하게는 계절에 맞는 옷을 입고, 때와 장소에 맞는 행동을 하는 것이고요. 상대방의 기분을 살피고 대화를 시도하거나, 상황에 맞게 배려를 하는 행동들이지요.

아이만 그런 것이 아니라 우리는 아침에 일어나 잠드는 시간까지 수많은 선택에 노출됩니다.

인정 육아

'바로 일어날까? 10분만 더 잘까?'

'아침 식사는 무얼 먹을까?'

'오늘은 어떤 옷을 입고 외출할까?'

'점심은 어떤 메뉴가 좋을까?'

'집에 들어갈 때 간식을 사서 갈까, 말까?'

이처럼 수많은 선택의 기로에 서는 과정이 반복되며 제대로 된 기준을 완성하게 됩니다.

> "어린이는 자기 스스로 자유로이 선택한 일에 집중하고 그 일을
> 몇 번이나 반복하여 만족감과 성취감을 느낀 후 일을 끝낸다. 그
> 리고 정상화에 이른다."

이런 말이 있습니다. 몬테소리 교육의 기본 뿌리라 할 수 있는 문장이에요.

이 말에 함축된 의미의 핵심은 '선택'입니다. 성인의 자기계발서에서도 어떤 일에 있어 무언가 선택할 줄 아는 사람은 소수이고, 그들은 각각 자신에 대한 믿음과 자존감을 바탕으로 다수를 이끄는 높은 리더십을 발휘하는 공통적인 특성이 있다고 말합니다.

아이와 대화할 때 선택할 기회를 제공해주는 것은 아이의 생각

을 존중하는 대표적 행위입니다. 연령에 따라 접근법이 다르지만 기본 뿌리는 같은 것이죠.

영, 유아기 아이와의 트러블을 없애는 가장 좋은 방법으로 **마음에 드는 것 중 하나 선택하기**를 제안합니다. 익숙한 것 중 하나를 선택하는 일, 책장 가득한 책들 중 읽고 싶은 도서를 선택하는 일.

아이 스스로 구매할 물품을 선택하거나 읽을 책을 고르는 과정은 사물에 대한 애착을 높이고, 선택할 기회를 얻는 과정은 부모로부터 배려받음을 느끼며 자존감을 높이는 발판이 됩니다. 아이가 원하지 않는데 먼저 내어주는 것의 횟수를 줄이고, 간절히 원해서 얻은 것에 대한 소중함을 일상에서 가르치는 좋은 기회를 만들어주는 것이죠.

쉽게 얻은 것은 쉽게 질리기 마련입니다. 수없이 생각하고 고민하고 다른 걸 포기하며 내린 최종의 결정은 내 선택에 대한 자부심이 됩니다. 물론 후회를 할 수도 있겠죠. 그 과정조차도 아이가 옳은 선택을 하는 과정이자 자신의 선택 과정을 돌아보는 기회가 됩니다.

아동기, 청소년기는 학교라는 공간에서 본격적인 사회생활을 홀로 해내는 시기입니다. 원하는 것을 다 갖게 해주고 싶은 부모의 감정을 주체하지 못한 결과는 뼈아픈 성적표를 받게 됩니다. 자기중심으로 모두 허용된 시간은 사고의 기준으로 자리 잡고, 아이는 불가한 상황에 대한 면역력이 떨어져 외부 자극에 속수무책으로 당하게 됩니다.

타인에 대한 배려를 키우지 못하는 것은 물론 필요하면 뭐든 다시 사면 된다는 생각에 물건을 함부로 다루고, 잘못된 인간관계도 끊고 새로 만들면 그만이라는 사고를 대입해 소중하다고 인식하지 못합니다. 망가지는 것에 연연하지 않습니다. 결국 이렇게 긴 시간 아이에게 쌓인 행동 습관은 결국 누구에게도 환영받지 못하는 사람으로 자라게 될 가능성을 높입니다.

단순히 물건, 상황에 대한 선택들이 쌓여 아이의 인격과 가치관을 형성하는 뼈대가 된다는 생각으로 '선택'에 관한 대화를 꾸준히 나눠보세요. 옳고 그른 선택으로 구분 짓기보다 선택한 이유를 들어보고 합당한 이유가 있다면 수용해주는 과정도 선물해주세요. 불가한 상황이라면 불합당한 이유를 설명해주고 올바른 선택을 할 수 있게 하는 것도 아이에게 유의미한 시간입니다.

단번에 모든 것이 완성될 수는 없지만 오랜 시간 일관성을 가진 경험의 순간은 아이가 세상을 바라보는 눈이 되어주며 사고의 기준이 되어줍니다. 자녀를 키우는 것은 마라톤을 하는 마음으로 적당한 균형을 유지하며 포기하지 않고 달려가는 일입니다.

　아이가 성인이 되고, 더 나아가 자신의 가정을 꾸려서도 스스로 선택하지 못해 부모에게 의존한다면 과연 아이는 자신의 삶이 행복하다고 여기게 될지 깊이 생각해봐야 합니다.

네가 세상을
기쁘게 배우기를 응원한다

부모마다 자녀교육에 있어 가장 중요하게 지키는 제1원칙이 있을 거예요.

책을 즐겨 읽는 아이로 키운다.
거짓말을 하지 않는 아이로 키운다.
예의 바른 아이로 키운다.

다짐에 가까운 기준 말이에요.
저 역시도 걸음마를 막 시작했던 아이를 바라보며 한 가지 원칙을 세웠습니다.

스스로 잘하는 아이로 키우자.

상위 원칙이 단단히 자리 잡으니 아이가 혼자 해낼 거리를 찾는 일은 자연스러운 일상이었어요. 스스로 해내기 위해서는 많은 시간이 소요됐기에 기다리는 엄마가 되는 것 역시 필연적 요소였습니다.

아이 눈높이에 맞추는 많은 것들이 당연해지니 아이의 끊임없는 질문 폭탄이 기특했고, 아이의 행동에는 다 이유가 있다고 생각하니 이해를 전제로 키우게 되었어요. 그때부터였을 거예요. 아이가 마주하는 모든 처음이 긍정적인 기억이었으면 하는 바람을 마음에 담은 것이요.

아이의 처음은 긍정의 기억이었으면 좋겠습니다.

낯설고 어려운 순간은 매 순간 아이 앞에 나타납니다. 처음이 어려운 건 당연한 사실이지만 어떤 마음가짐으로 마주하느냐는 개인의 선택이자 태도의 문제겠죠.

비가 내리는 날은 비옷과 장화로 단단히 채비 후 집을 나섭니다. 우산을 통해 들려오는 물방울 소리, 흙냄새를 가득 머금은 공기까지 좋은 추억이 될 요소들로 가득합니다. 물웅덩이에 참방참방 뛰어도 보고 손을 뻗어 비를 직접 맞아도 봐요. 나뭇잎 위로 떨어지는 동글동글한 빗방울을 보며 식물들에게 꼭 필요한 비에 대한 생각도 나눠봅니다. 불편하고 찝찝한 게 아닌 신나게 놀 거리가 넘치는 날로 비 오는 날이 새로이 명명되는 순간입니다.

아이들에게 비는 밖에서 놀지 못하게 만드는 방해꾼과 같은 부정적 이미지가 지배적일 거예요. 옷이고 가방이고 비에 젖어 들어오면 혼나기 일쑤라 외부 활동 자체를 스스로 거부하기도 하고요. 모든 것을 긍정으로 인식하게 돕는 건 쉽지 않아요. 하지만 긁어 부스럼을 내듯 나서서 부정적인 이미지를 심어주는 것만 하지 않아도 충분히 아이에게 좋은 감정을 키워줄 기회가 늘어납니다.

무엇을 더 많이, 더 잘했으면 좋겠다는 생각보다
아이가 하나를 경험해도 긍정적이고 기분 좋은 기억이길
바라는 마음을 오늘부터 가져보는 우리가 되었으면 좋겠습니다.

긍정의 감정으로 키운 나무는 뿌리가 튼튼하고 줄기가 단단하며 열매 또한 고운 빛깔로 반짝일 테니까요.

아이가 걸음마를 시작했을 때부터 저는 아이와 자주 하늘을 올려다봤어요. 구름의 모양, 하늘의 다양한 색들을 이야기하고 같이 그림도 그렸죠. 신나는 음악을 들으면 아이와 함께 온몸을 흔들며 깔깔대기도 했습니다. 힘들고 다소 주춤하게 되는 것이어도 아이가 보고 있다면 먼저 나서서 해봤습니다.

"못하겠어. 안 할래!"보다는 "한번 해볼까? 해보면 재밌겠는데?"라는 말로 아이의 처음을 응원해주세요.

"어려워 보여."
"어렵게 느껴지면 천천히 해보면 돼. 만드는 게 재밌어 보이는데 우리 같이 해볼까?"

"난 못할 것 같아."
"꼭 해야 할 필요는 없어. 결과보다는 해보려고 노력하는 네 마음이 가장 멋지다고 생각해."

"나 이거 해봐도 돼?"
"물론이지. 엄마, 아빠가 곁에서 응원하고 있을게."

의도했든 우연이든 부모는 많은 표현을 통해 아이에게 내 생각을 전달하게 됩니다. 아이의 말투나 선택, 혹은 상황을 받아들이는 기준이 부모의 태도와 크게 다르지 않기 때문입니다. 그도 그럴 것이 아무리 반항하는 아이고 부모의 말을 흘려듣는 아이라

인정 육아

할지라도 '부모'라는 존재는 절대적 대상으로 각인되어 있기에 무의식적으로 부모의 생각을 따라가게 되는 것이죠.

그래서 아이의 많은 순간을 이왕이면 긍정의 언어로 화답합니다. 숙제나 준비물을 안 챙겨온 친구가 혼이 났다는 이야기에 "숙제나 준비물을 잘 챙겨가야 수업을 알차게 할 수 있으니 너도 잘 챙기면 되겠다"라고. 학교에서는 교실이랑 복도에서 뛰어다니는 친구들을 큰소리로 제지한다는 이야기에 "뛰어다니면 다칠 염려가 있는데 선생님 덕분에 안심이 되는구나"라고.

아이의 생각이 자란 만큼 불만이나 불편을 공감으로 받아주되 결정이나 판단은 아이의 몫으로 돌려주는 일. 나의 경솔한 조언으로 아이가 직접 경험해야 할 타인과의 관계에 편견을 심어주는 일이 없도록 아이가 자라는 크기만큼 우리의 대화를 돌아보는 시간을 가져봅니다.

부모가 아이에게 전하는 긍정적 피드백은 자신감이라는 치트키를 발휘할 수 있는 최고의 선물이 됩니다. 아이가 스스로 선택한 시도를 아낌없이 응원하며 긍정의 말로 '완벽한 내 편'이 되어 곁을 지켜주세요.

부모의 말,
아이의 책임감을 키우는 온전한 지지

흐드러지게 피어나는 벚꽃을 보면 나란히 땅 위에 자리를 잡고 있음에도 유독 서둘러 만개하는 나무가 있습니다. 누구보다 눈에 띄고 사람들의 시선으로 북적이는 나무. 하지만 유난히 일찍 만개한 녀석은 가장 먼저 분홍빛이 사라집니다. 제 속도에 맞게 잘 자라고 있으나 꽃이 빨리 떨어지기에 사람들의 관심에서는 멀어지죠.

같은 동네에서 자라는 벚나무도 어떤 자리에서, 어떤 흙으로, 주변의 어떤 기운을 받으며 자라느냐에 따라 그네들이 살아가는 속도가 달라집니다. 주변의 잡초와 벌레같이 미미한 영향조차 그들의 성장에 영향을 미치기 때문에 어떻게 자라게 될 것인지 예측하기가 쉽지 않습니다. 나무도 이렇게 다양한 환경의 영향을 받는데 우리 아이들은 어떨까요?

부모가 다르고, 아이의 기질이 다르고, 살아가는 환경이 다르기에 같은 동네에 살아도, 같은 어머니를 둔 형제도, 하물며 같은 날 태어난 쌍둥이도 모두가 개인차를 보입니다. 이렇게 제각각인 만큼 어떤 말을 듣고 어떤 지지를 들으며 자라느냐에 따라 아이의 책임감은 커질 수도 유난히 작아질 수도 있어요.

인정 육아

아이가 소극적이고 도전을 두려워한다고 해서 '너는 그런 아이'라고 단정 짓지 않는 것이 부모에게는 가장 중요한 숙제입니다. 저마다의 속도를 가졌어도 모든 나무는 꽃이 지고 겨울이 지나 봄이 오면 다시 새싹이 돋아난다는 것을 기억해야 합니다.

다른 아이는 괜찮은데 왜 내 아이는 그렇지 못할까 속상하고, 늘 잘했으면 하는 마음에 답답하고, 또래 아이들과 비교해 성격도 성적도 부모의 성에 차지 않는 아이 때문에 고민이 많은가요? 오늘부터는 나의 조바심을 내려놓고 조금은 먼 미래의 내 아이, 스스로의 삶에 주인이 될 아이의 모습을 떠올려주세요.

"선택은 네 몫이야."
"만일 네가 원한다면."
"그 결정은 네가 하는 거야."
"네가 어떤 선택을 내려도 난 괜찮아."

아이는 신비롭게도 가랑비에 옷 젖듯, 칭찬이란 빗물에 서서히 자신의 속도로 자기가 가진 빛깔의 꽃봉오리를 터트립니다. 자신의 선택으로 이룬 결과물을 겸허히 받아들이고, 자신이 원하는 길로 걷다 책임을 배우게 됩니다. 주어진 많은 것들과 자기 결정에는 분명한 책임이 따른다는 것도 깨닫게 됩니다. 그리고 그런 수많은 선택 속에서 아낌없이 내 편이 되어 바라보는 부모의 온전한 지지가 힘을 보탤 것입니다.

부모의
마음챙김

책임감, 자존감, 자신감, 성취감. 이 외에도 아이가 가졌으면 하는 많은 마음에는 '감(感: 느낄 감)' 자가 함께합니다. 느낌 혹은 마음. 자녀를 교육함에 있어 우리는 늘 이 '감'에 집중해야 합니다.

"오늘부터 책임감이 생겼어. 축하해."
"이제 넌 성취감이 커져서 날개 단 듯 신이 날 거야."
"지금부터 자존감이 아주 높아지기 시작할 거야."
"뭐든 다 잘할 수 있는 자신감을 넌 가지게 되었어."

아이 마음에 우리가 집중하는 이유는 바로 이것입니다. 오늘부터, 지금 당장 손에 쥐여줄 수 없는 무형의 것들이기 때문입니다. 차근차근 아이를 위해 귀한 선물을 주는 하루를 시작해보세요.

Q. 책임감은 생각보다 쉽게 얻을 수 있는 마음입니다. 아이가 책임감을 가지고 집 혹은 가족과의 일상에서 할 수 있는 역할을 나열해보세요.

인정 육아

Q. 마음은 얻기도 쉽지만 잃기도 쉬운 요소입니다. 아동기, 청소년기가 훌쩍 지난 자녀에게 내가 바라는 미래를 강요하고 있는 자신을 발견한다면 아래 세 문장을 따라 쓰고 다짐해주세요.

내 아이지만 나의 소유가 아닙니다.

내 아이지만 그들의 생각을 있는 그대로 받아들이고 이해하겠습니다.

내 아이지만 내가 원하는 대로 키우지 않겠습니다.

Q. 오늘 내가 아이의 감정을 인정한 '존중의 말'이 있다면 기록해보세요. 혹 아직 전하지 못했다면 어떤 말을 전하고 싶은지 기록하고 실천합니다.

부록

부모를 위한 다정하고 단단한 말
필사 노트

치열한 육아 일상 속에서 부모인 나를 지탱해주는 말들이 있습니다. 흔들리는 마음을 잡아주고, 절로 고개가 끄덕여지는 말은 힘들고 지친 나의 마음을 어루만지고, 나를 다시 살게 합니다.

이 필사 노트에는 꼭꼭 씹을수록 다정하고 단단한 내면을 완성해줄 30개의 말을 담았습니다. 아이를 온전히 지지할 수 있는 힘이 되어줄 말, 부모의 마음을 행복하게 만드는 관점의 말부터 부모와 아이의 내면을 성장시킬 바탕이 되는 말까지.

30일간 하루 하나씩 필사해도 좋고, 필사 노트에서 전하는 메시지와 유사한 나의 생각을 기록해보는 것도 좋습니다. 그 시간은 나의 육아 방향과 가치관, 부모로써 내가 어떤 에너지를 가진 사람인지 인식하는 기회가 될 것입니다. 우리를 '온전히 나로 살아가게 하는' 선물 같은 말을 전합니다.

DAY 01

모든 아이는 세상에 단 하나뿐인 씨앗을 품고 태어난다.
우리의 역할은 그 고유한 씨앗을 조심스럽게 발견하고
사랑으로 보살피는 일이다.

– 마리아 몬테소리

인정 육아

DAY 02

우리는 아이들을 우리 모습대로 만들려고 해서는 안 되며,
그들이 진정한 자기 자신이 되도록 도와야 한다.

– 장 자크 루소

아이들은 당신이 가르치는 것보다
당신의 모습에서 더 많은 것을 배운다.

– 도로시 놀테

DAY 04

성장은 판단이 아니라 이해와 지지를 통해 가능해진다.

                                        – 칼 로저스

DAY 05

성공적인 부모는 아이를 통제하기보다 이해하려고 한다.

- 토머스 고든

인정 육아

DAY 06

아이의 마음을 기다릴 줄 아는 부모야말로
진정으로 아이의 인생을 이끄는 사람이다.

– 캐롤 드웩

아이들은 통제받을 때보다 존중받을 때 더 많이 배운다.

- 알피 콘

인정 육아

DAY 08

아이들이 스스로 선택할 수 있도록 허용하라.
그 선택이 바로 자신만의 세상을 만들어가는 첫걸음이다.

– 벤저민 스폭

DAY 09

아이의 독립은 부모가 한발 물러서는 순간부터 시작된다.

– 존 홀트

인정 육아

DAY 10

아이의 가능성을 믿는 순간, 부모의 개입은 줄어든다.

– 로널드 로트바트

DAY 11

칭찬은 사람의 마음에 비추는 햇살과 같다.
우리는 그 햇살 없이는 자라고 피어날 수 없다.

– 제스 레어

인정 육아

DAY 12

진정한 부모는 아이의 삶을 설계하지 않는다.
그 삶을 함께 걸어갈 뿐이다.

– 에리히 프롬

DAY 13

스스로 해볼 기회를 갖지 못한 아이는
자립의 기쁨도 느낄 수 없다.

– 루시 컬킨스

인정 육아

DAY 14

서로의 다름을 존중하는 것이
아이의 잠재력을 지키는 길이다.

– 하워드 가드너

DAY 15

모든 아이가 같은 속도로 배우지 않는다.
그러나 모든 아이는 배운다.

- 캐롤 톰린슨

인정 육아

DAY 16

아이를 진심으로 바라본다는 것은
지금 있는 그대로의 아이를 충분하다고 믿는 일이다.

– 매들렌 렝글

DAY 17

아이의 변화를 이해하는 일은
예측이 아니라 관찰에서 시작된다.

– 프랜시스 라페

DAY 18

성장은 똑같음에서 이루어지지 않는다.
다름을 받아들이는 순간부터 시작된다.

– 엘렌 랭어

DAY 19

깊이 사랑받은 기억이 아이를 자립으로 이끈다.

– 루이스 코졸리노

인정 육아

DAY 20

아이의 감정을 존중한다는 것은
그 감정이 타당하다고 믿는 것이다.

– 존 가트맨

DAY 21

아이에게 공간을 내어줄수록
아이는 자신의 모습으로 더욱 단단히 자라난다.

– 레베카 에이브럼스

인정 육아

DAY 22

부모가 한 걸음 물러설 때
아이는 용기를 내 한 걸음 앞으로 나아간다.

– 윌리엄 서스턴

DAY 23

진정한 양육은 아이를 소유하는 것이 아니라
자유롭게 놓아주는 데 있다.

– 칼릴 지브란

인정 육아

DAY 24

아이를 있는 그대로 바라보려면
먼저 나 자신을 있는 그대로 마주해야 한다.

– 대니얼 시겔

DAY 25

실패는 아이가 배우고 있다는 가장 확실한 증거다.

– 앤절라 더크워스

인정 육아

DAY 26

아이들은 태어날 때부터 책임감 있는 존재가 아니다.
책임감은 경험과 신뢰를 통해 길러가는 능력이다.

– 제인 넬슨

완벽한 부모가 되려고 애쓰지 마라.
아이는 당신이 실수를 어떻게 대처하는지를 보며
성장하는 법을 배운다.

– 프레드 로저스

인정 육아

DAY 28

사랑하는 사람을 위해 할 수 있는 가장 나쁜 일은
그들이 스스로 할 수 있고 또 해야 할 일을 대신하는 것이다.

– 에이브러햄 링컨

DAY 29

아이의 시행착오를 받아들이는 것이야말로
아이의 가능성을 믿는 가장 직접적인 방법이다.

– 칼 로저스

인정 육아

DAY 30

정신 건강에 꼭 필요한 것은
아이가 언제든 의지할 수 있는 따뜻하고
친밀하며 지속적인 관계다.
그것은 어머니이거나 어머니 역할을
대신할 수 있는 사람과의 관계여야 한다.

– 존 볼비

인정 육아

ⓒ 2025 이현정

1판 1쇄 인쇄 2025년 5월 26일
1판 1쇄 발행 2025년 6월 12일

지은이 이현정

발행인 김태웅
편집 정상미
디자인 어나더페이퍼
일러스트 하꼬방
마케팅 총괄 김철영
마케팅 서재욱, 오승수
온라인 마케팅 김도연
인터넷 관리 김상규
제작 현대순
총무 윤선미, 안서현, 지이슬
관리 김훈희, 이국희, 김승훈, 최국호

발행처 ㈜동양북스
등록 제2014-000055호
주소 서울시 마포구 동교로22길 14 (04030)
구입 문의 전화 (02)337-1737 팩스 (02)334-6624
내용 문의 전화 (02)337-1739 이메일 dymg98@naver.com
인스타그램 @shelter_dybook

ISBN 979-11-7210-112-1 03590